自然观察
Nature series

A MARKET GUIDE TO
FISHES & OTHERS

菜市场 鱼图鉴

吴佳瑞 赖春福◎著 潘智敏◎摄 周卓诚◎审校

商务印书馆
The Commercial Press
创于1897

A MARKET GUIDE TO
FISHES & OTHERS

菜市场 鱼图鉴 Contents

Yellow

Red

●虾蟹一族

●贝类及其他

端上桌的鱼鲜　族繁不及备载

AM ARKET GUIDE TO FISHES & OTHERS

全世界的经济水产品，据日本水产品进口协会统计达1800种左右。中国台湾是个水产鱼鲜的消费天堂，据不完全的统计，消费量高居世界前列！鱼市，对于渔民和消费者来讲，其地位就好像运动员和体育迷心目中的奥林匹克运动会一样。

想要认识这些我们每天端上桌的鱼鲜，除了大吃大嚼之外，要从哪儿下手？如何去了解？特别是让人眼花缭乱的各种鱼、虾、贝、藻，似曾相识，又说不出个名堂。同样的一条鱼，在不同的国家、不同的地区，甚至相同地区，也有不同的称谓和叫法。名字的来源也是五花八门，俗俚不分，不要说市井小民，连专家学者也常搞得一头雾水。举例来说，中国台湾一般市场常见的鲑鱼，这个汉字却是来自日文，实际上的中文名称叫作"大麻哈鱼"；而另一种知名度甚高的鲔鱼，中文名称叫作"金枪鱼"。

于是乎，鱼鲜家族与其他生物有了迥然不同的命运，它们在一般人的生活中是家常而熟悉的，也是重要的食物来源之一，不论是渔夫、鱼贩还是家庭主妇，鱼鲜家族有着另一套的分类系统，"菜市场名"是大家沟通的依据。也因此我们这一本《菜市场鱼图鉴》就是从一般人熟知的台湾菜市场名（多半为闽南语发音）出发，让渔市成为认识鱼鲜家族的好地方。

根据日本水产品进口协会的统计，全世界的经济性鱼鲜生物种类有上千种：七鳃鳗和鲨类约有71种；鳐、银鲛和鲟类约有79种；鲱类81种；鲑、鳟类有58种左右；鲤、鲶、鳗、康吉鳗、鳠类有67种左右；背棘鱼、颚针鱼、秋刀鱼、鱵、飞鱼类有64种；海鲂、鲻、麒鳅、乌鲂类有64种；鲔、鲭、旗鱼类67种；竹荚鱼（鲹）、鲕类73种；白鲳、银鲳、大眼鲷、鲈鱼、鲔类82种；笛鲷、石鲈、金线鱼类75种；裸顶鲷、鲷、石鲷类55种；裸颊鲷、鲷、石首鱼类67种；羊鱼、鳕、方头鱼、鼬鳚类75种；虾虎鱼、隆头鱼、鹦嘴鱼、蝴蝶鱼、刺尾鱼、篮子鱼类68种；平鲉、银鳕、印度鲬、杜父鱼、鲂鮄鱼类91种；鳕、无须鳕、鼬鳕等67种；左鲽、右鲽等鱼类111种；单角鲀、河鲀、翻车鲀、鲛鳒类等鱼类63种。甲壳类中，糠虾、磷虾、虾蛄、对虾、长额虾类77种；龙虾、青龙虾、扇虾、鳌虾、樱虾类计35种；椰子蟹、螃蟹66种。至于头足类，全世界有450种，经济种类近70种，常见的包括章鱼、鱿鱼、锁管及花枝等，台湾常见的锁管（小卷），指的是小型管鱿类。

本书就是从台湾市场常见的种类以及餐桌上大家经常食用的鱼鲜中，挑选一些代表性的种类，虽然内容说不上全面，只有近200种，但希望能够在市场、餐桌和渔业生物学搭起第一道对话的桥梁，应该算是台湾首次的尝试。我们不敢说，这本书的介绍方式和尝试是成功或成熟的，未竟事功的部分，希望读者们不吝指正！读者诸君，有时间多到鱼市走走！发现新鱼种去！

本书得以付梓，要感谢李思忠、伍汉霖、童逸修、姜枕山、李定安、邵广昭、李国诰、曾晴贤、欧庆贤、刘进发、陈正平、何平和、陈天任、黄贵民、张咏青、庄棣华、施习德、郑明修、洪圣宗、陈悬弧、邱郁文、李池永、黄陈胜、陈鸿鸣、赖春文、曾美嘉等多位教授、博士、先生、诸君，多年来在学术与产业等各方面给我们的指教与支持。

赖春福　吴佳瑞

鱼鲜家族之美不胜收

A MARKET GUIDE TO FISHES & OTHERS

　　台湾四面环海，因此光是到鱼市场绕一圈，各式各样的渔获将让您目不暇接，食指大动。而经常走动于渔港、鱼市时，看见一篓篓遮目鱼鱼头上那滑溜溜的圆形大眼珠子，有序地洒落在冰块中；银白色的白带鱼将鱼贩摊位上的照明灯光映射在老板的笑容中；被草绳捆绑的大红蟳，挣扎地直吐泡沫；泰国虾在氧气水盆中彼此互踢、练练身手；蚌蛤伸出白色的身躯触摸一旁的伙伴们，吐出它们的沙粒心声；青花鱼银白的身上文有漂亮的云状花纹等。这才发现这些渔产充满轮廓、线条、造型、鲜亮的色彩、高亮的鳞片质感、丰富的色阶及层次等视觉元素，"鲜美"一词活生生地呈现在洁白晶莹的冰块上。尝试以感光材料的宽容度来诠释鱼的美好，于是走访渔港成为日常生活上追求美的另一路径。

　　而从鱼贩海口腔调的叫卖声中，耳濡目染地得知渔产俗名和称号，非常方便记忆，但因渔产的种类繁多，有时还站在老板面前还价了老半天，才发现老板手中拿的并非我所要的鱼，这种情况更让我确认此书出版的意义与总编的想法。虽然只负责影像图片的拍摄，却也更辛勤及明确地表达鱼市中的常见种类，希望借由这本书的出版，让大家更近距离认识中国台湾的渔产资源。

　　摄影有其记录呈现的价值，因为鱼类的鳞片体色有些反射率非常高，所以在拍摄这些渔获时皆以实际的反射作为曝光依据，在技巧上并无太多运用，只配合印制需要将影像忠实完整表达。鱼的摄影工作历经一年多来的奔波勤走，为了鱼的新鲜与美色，天未破晓前即需至渔港找寻鱼种，像是挑选媳妇般地拣选鱼，随后马上拍掉冰碴，家里若没有大冰柜，真不知这些鱼要如何保存处理。任何摄影主题的深入，都是一种快乐的体验与学习，海风咸咸也让我充分体验到台湾海产美食的滋味，当然幕后海鲜料理、帮忙摄影现场处理渔获的内人芳姿更是不可或缺的得意助手。

　　另外我还得向所有台湾渔港、渔市的鱼贩商家们致意，谢谢你们在生意百忙中协助我的摄影工作，并不厌其烦地解说鱼种。总编出资买鱼也让我少遭不少商人的白眼，并使大家在这段日子里饭桌上多增美味的海产菜色。更感谢读者的支持与关注，创作的路上有你们的鼓励，我永远不孤独。

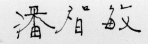

由菜场鱼市认识水产

A MARKET GUIDE TO FISHES & OTHERS

伴随着生活水平的提高、物流供应链的提升，越来越多的普通人得以更多地接触到五花八门、品种各异的水产生鲜，这其中有淡水的也有海里的，有鱼也有虾、蟹、贝，有本地野生的也有来自全世界各地的养殖引进种类。大众并不会满足于吃，还会热衷于去了解自己吃了什么，叫什么名字，来自什么地方，怎么样才能再吃到如此的美味。作为热衷旅行、喜欢走出去且乐于尝试新鲜事物的民众，则会关心自己看到的是什么、能不能吃、好不好吃、怎么做更好吃的问题。

于是乎，合适的工具书、靠谱的网络资讯就变成了大家的日常生活需求。动物志、鱼类志枯燥乏味、无彩图，专业图鉴跟日常生活需求不符，网络搜索信息筛选费时费力，真正适合大家的则是一本可靠的菜市场鱼图鉴。以鱼类为例，全球已命名的鱼类达3万种以上，占已命名的脊椎动物一半以上，但相对常见的、作为经济鱼类的不到千种，即便经济发达、对水产生鲜最热衷的日本，同一个地区市售的常

见种类也不过百余种，而对于普通大众，生活中能方便接触的不过寥寥几十种。将一个地区菜场鱼市常见的鱼类，以及同样常见的甲壳类（虾蟹）、软体（螺贝头足）筛选出来，配上可靠的图片以及辨认信息，便足以让大家愉快地辨认起舌尖上的水产美食。

从远古时代开始，人们就已经依靠经验智慧去给生活中接触的生物安上各种自认为合适的名字，然而各地语言文化差异巨大，同一物种在不同国家、地区、民族都可能有不同的叫法。古代资讯不便，常见物种即便相隔几公里都可能有不同的名字，直到林奈双名法的出现，才给科学家们有了统一标准。但作为面向普通公众、旅行者、吃货的图谱，尽可能地收集各地的俗名，则会更有利于旅游或者日常生活的交流。

这本《菜市场鱼图鉴》立足于台湾地区的常见水产、生鲜，囊括了几乎所有常见的淡水鱼、海水鱼、虾、蟹、螺、贝，以及头足类，能够最大程度上帮助台湾地区的普通民众了解

自己餐桌舌尖上的美食，因此一经面世即热销，直到现在依然是博物类图鉴最热门的书籍之一，伴随着海峡两岸更多的交流，也深受大陆民众的喜爱。两岸虽同根同源，但在中文正名、语言文字表述上存在差异，尊重原作并将其中差异的部分调整过来，就可以让大陆读者更方便地了解其中的科学文化信息。本次审校除将台版正名改为大陆正名，对台湾原版书中的错误配图进行了标注之外，还修订了部分分类学方面的新进展，也针对两岸鱼类学专业名词的异同进行了调整，以期更好地服务于大陆读者。

本次审校过程中，科研、美食爱好者圈的朋友们提供了大量的帮助。考虑到台湾地区跟大陆闽南、潮汕在海产物种、生活习惯上相似度极高，因此邀请到了厦门知名海产美食家陈葆谦（@海鲜大叔）协助增补了大量地方俗名，方便大家了解物种；新生代分类学爱好者黄俊豪（@少侠小黄鸡的微博）协助对分类以及大陆正名调整给出了大量可靠的建议，再次特别向两位表示感谢。

（@开水族馆的生物男）

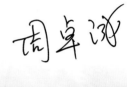

鱼类形态简易图解

A MARKET GUIDE TO FISHES & OTHERS

插画／黄一峰

【鱼的侧面图】

侧线鳞列数
眼
吻
尾柄
尾鳍
侧线
肛门
腹鳍
臀鳍
背鳍硬棘
背鳍
前鼻孔
后鼻孔
背鳍软条
尾鳍
下唇（下颌）
颊部
前颌骨
鳃盖
胸鳍
第一背鳍
胸鳍
第二背鳍
尾鳍上叶
体高
尾鳍下叶
臀鳍
吻长
头长
全长

【鱼的斑纹分布方式】

纵带
横带

【鱼的尾部】

脂鳍
离鳍

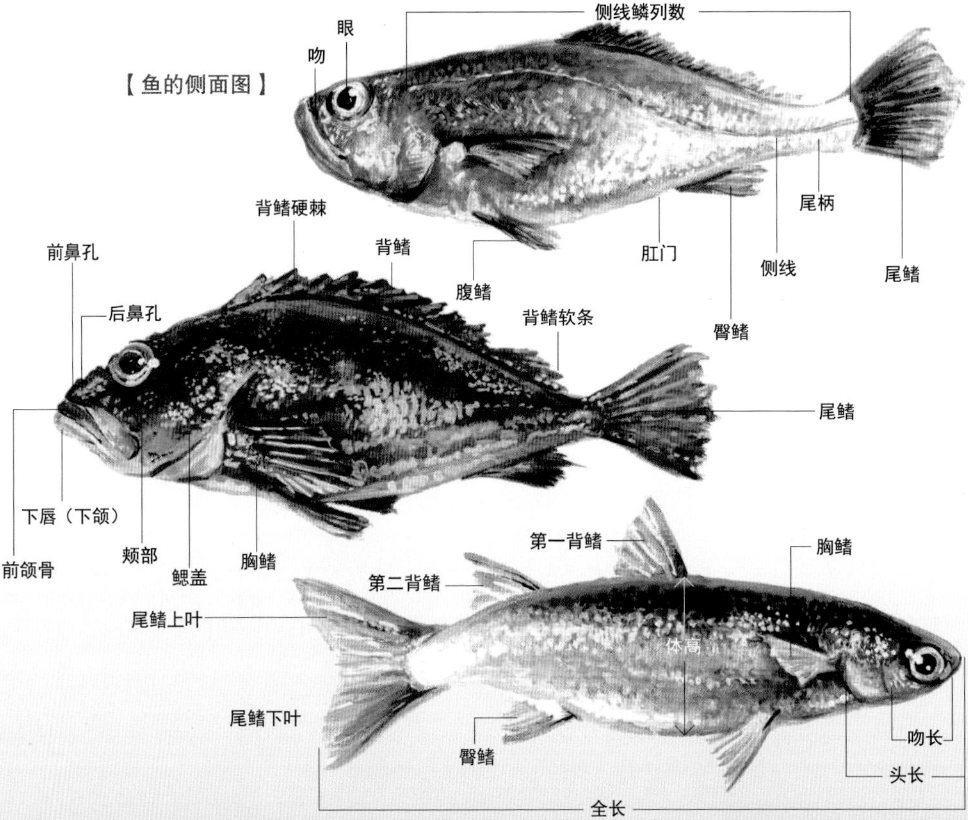

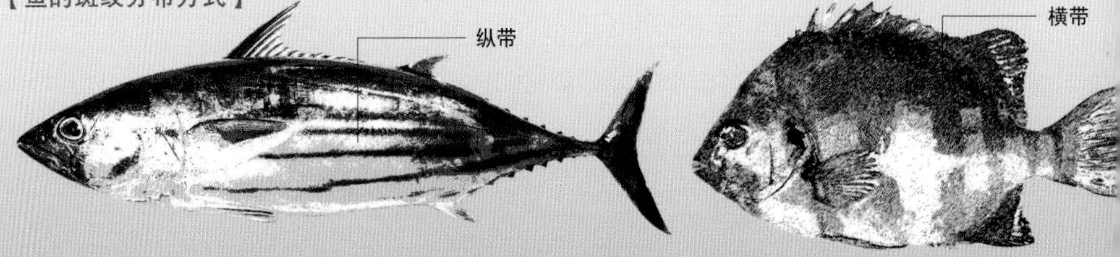

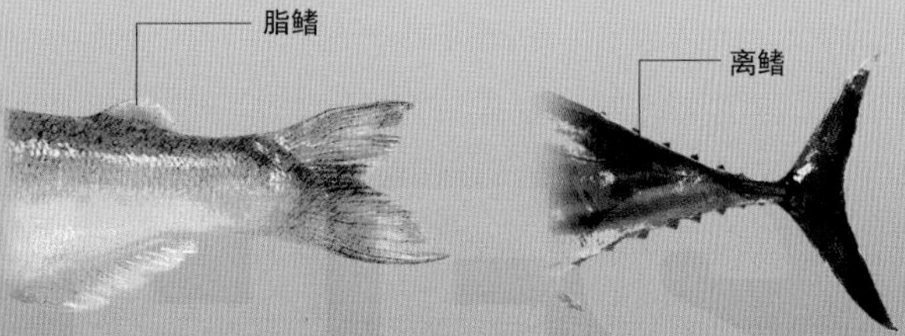

A MARKET GUIDE TO FISHES & OTHERS

【白色鱼族】

太湖新银鱼 *Neosalanx tangkahkeii*

■别称：银鱼　　■外文名称：Silver Fish

太湖新银鱼在鱼类分类上属于胡瓜鱼目（Osmeriformes），胡瓜鱼亚目（Osmeroidei），银鱼科（Salangidae），新银鱼属（Neosalanx），本种在1931年由Wu所命名发表。

台湾地区没有太湖新银鱼的分布，它们原产于大陆的长江中下游，大多栖息于长江流域周围的湖泊中，属于小型的淡水鱼类，食性为杂食性，以各种浮游生物和有机屑为食。

由于太湖新银鱼只产于大陆的长江流域，又是太湖的特产，其中文名"太湖新银鱼"由此得来。因其繁殖力强，因此在原产地的产量较高，在大陆5月至8月为其盛产期，所捕获的太湖新银鱼大多被出口到其他国家和地区。台湾并不是太湖新银鱼的产地，因此市面上所见的皆是自大陆引入的，在一般的市场较少见，但在餐厅或海鲜店则多半有这种鱼。太湖新银鱼无刺且肉质细嫩，因此在台湾是很受欢迎的食用鱼，几乎都是以裹粉油炸的方式制作，酥脆的外皮搭配细嫩的鱼肉，是大人小孩都喜爱的鱼料理。

体侧带有少量透明的白色

鱼鳍颜色皆为半透明

太湖新银鱼的体形细长，身体切面几乎呈圆桶形，头小，眼大，吻端尖，吻的两侧稍微内凹，侧线完整且走向平直，单一背鳍，背鳍小且位于背部的后方位置，背鳍后方具有一个小脂鳍，尾鳍形状为叉形。

布氏半棱鳀 *Encrasicholina punctifer*

■别称：鲚仔鱼　■外文名称：Buccaneer Anchovy(美国加州)

鲚仔鱼在鱼类分类上属于鲱亚目（Clupeoidei），鳀科（Engraulidae），半棱鳀属（*Encrasicholina*），本种在1938年由Fowler所命名发表。

台湾地区周围的海域皆产有俗称鲚仔鱼的鱼类，而以东北部和南部最多。鲚仔鱼是群居性的洄游性鱼类，常成群在沿岸或较大洋区的表层洄游，偶尔会成群进入潟湖或内湾。其食性为杂食，属于滤食性鱼类，利用鳃耙滤食水中的浮游生物，鲚仔鱼也是其他大型鱼类如鲔鱼或鲭鱼的主要食物来源。鲚仔鱼在台湾是经济价值很高的小型鱼类，在台湾北部所捕获的鲚仔鱼以布氏半棱鳀（*Encrasicholina punctifer*）为主，而南部捕获的则以印度小公鱼（*Stolephorus indicus*）为主，产量以东北部及澎湖地区最多。捕捞方式以焚寄网或巾着网为主，捕获的鲚仔鱼大多是加工制成鱼干后才出售。鲚仔鱼是台湾东北部很重要的经济性鱼类，也有不少渔港或渔民是以捕捞鲚仔鱼维生，但它在海洋里扮演非常重要的生态角色，更是很多种鱼类赖以生存的食物，过度捕捞往往也会严重危害海洋生态的平衡，一些国家和地区甚至已经禁捕鲚仔鱼。

鲚仔鱼的肉质柔软、细致且微咸，因此烹饪时多数作为调料，其中最常见的烹饪方式有煮粥或羹，如鲚仔鱼粥、鲚仔鱼羹等，在煮汤时加些鲚仔鱼，更可增加汤的美味。此外，鲚仔鱼也可以做成蛋饼，其做法十分简单，只要在一般做蛋饼的过程中撒上鲚仔鱼，再卷成蛋饼，即可完成美味可口的鲚仔鱼蛋饼。

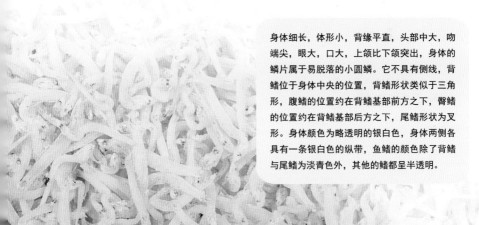

身体细长，体形小，背缘平直，头部中大，吻端尖，眼大，口大，上颌比下颌突出，身体的鳞片属于易脱落的小圆鳞。它不具有侧线，背鳍位于身体中央的位置，背鳍形状类似于三角形，腹鳍的位置约在背鳍基部前方之下，臀鳍的位置约在背鳍基部后方之下，尾鳍形状为叉形。身体颜色为略透明的银白色，身体两侧各具有一条银白色的纵带，鱼鳍的颜色除了背鳍与尾鳍为淡青色外，其他的鳍都呈半透明。

A MARKET GUIDE TO FISHES & OTHERS

【银色鱼族】

Silver

白带鱼的体形侧扁细长，头部较小，上颌短，下颌长而突出，口内长满锯齿般尖锐的扁牙，没有腹鳍及尾鳍，尾部逐渐缩小成细长鞭状，背鳍很高且很长，由头部与身体交接处开始一直延伸到身体末端，全身覆盖银色的细鳞，使整条鱼看起来像银白色的带子。

白带鱼 *Trichiurus lepturus*

■ 别称：带鱼、白鱼

■ 外文名称：Largehead Hairtail,Cutlassfish,Scabbardfish(美国加州),Ribbonfish(泰国、印度),Layor,Selayor(马来西亚),Poisson sabre commun(法国),Pez sable(西班牙)

白带鱼在鱼类分类上属于鲭亚目（Scombroidei），带鱼科（Trichiuridae），带鱼属（*Trichiurus*），本种在1758年由Linnaeus所命名发表。明代的《闽中海错疏》是中国最早记录白带鱼的书。

台湾地区白带鱼的分布以北部及西部海域为主，为台湾十分常见的海产鱼类。主要栖息于沙泥底质的海域，属暖水性的近海洄游鱼类。春天会靠近沿岸成群洄游，此时是最容易捕获或钓获的季节；夏季时会成群北上到东海、黄海附近产卵；冬季时再返回台湾海峡或南海来越冬。食性为肉食性，以小鱼、虾等海生生物为食。

白带鱼以蛇行的方式游泳，其体长可达1.5米，布满牙齿的大口也是重要特征之一。白带鱼休息的姿势十分特殊，通常会保持头上尾下，当成群白带鱼一起休息时往往会形成很特别的画面。白带鱼白天栖息在比较深的海底，到晚上才会成群游至表层觅食，因此渔民多在夜间捕抓，而海钓客也常利用晚上钓白带鱼。在台湾捕抓白带鱼的方式有底拖网、延绳钓和定置网等。

白带鱼可以鲜食或腌制，内脏可制鱼粉，鳞可提取光鳞、海生汀、珍珠素、咖啡碱、咖啡因等，以供药用和工业用。其吃法很多，可鲜食，也有糟制、腌制、风干、晒鲞等方法。

在台湾，白带鱼最常见的吃法则是被切成一节一节的，直接下锅油煎或裹粉油炸，在东北角海岸的渔村则用白带鱼煮汤，放入葱或姜，然后和米粉一起煮，堪称是渔村的绝配佳肴！

银带圆鲱的体形细长且腹部较圆，在整体上略呈圆筒状，尾鳍形状为深叉形，鱼体背部颜色较深呈浅褐色，其余部分皆为灰白色，体侧具有银色纵带。其头部小且吻端钝，上下颌长度约相等，鳞片为易脱落的薄圆鳞，没有棱鳞，具有短小的背鳍，背鳍位置约位于身体中央偏前，臀鳍位于鱼体的后半部，有11～14条软条，腹鳍小，有8条软条。全长可达10厘米。

银带圆鲱 *Spratelloides gracilis*

■别称：丁香鱼

■外文名称：Silver-striped Round Herring,Silver Round Herring,
Silver Sprat,Striped Round Herring,Banded Blue Sprat

银带圆鲱在鱼类分类上属于鲱形目（Clupeiformes）中的鲱亚目（Clupeoidei），鲱科（Clupeidae），银带鲱属（*Spratelloides*），俗称"丁香鱼"，本种在1846年由Temminck与Schlegel共同命名发表。

台湾地区四周海域皆产丁香鱼，其中以澎湖为最大产地。喜欢群游于清澈的海域，栖息环境包括大洋区、潟湖以及沿岸，属于外洋性的鱼类，繁殖期才会靠近沿岸。每年农历三月左右，丁香鱼母鱼会洄游到澎湖北方海域，在具有海藻或沙质底质的海域产卵。食性为杂食性，以浮游生物、小型无脊椎动物及藻类为食。红燕鸥喜食丁香鱼，因此只要在海上见到成群红燕鸥在海上觅食，即可推断红燕鸥盘旋的附近必定有成群的丁香鱼聚集，也因此红燕鸥在澎湖的渔村有着"丁香鸟"的称呼。

提到丁香鱼一定要知道澎湖县白沙乡赤崁村，因为捕捞丁香鱼是当地主要的产业，每到春夏两季就是澎湖北部海域捕丁香鱼的时节，满地正在曝晒的丁香鱼飘散出海的味道，这景象已成为澎湖县的重要景象之一。不过因为丁香鱼体形小，因此捕捉的网子网目十分小，往往也造成当地海域的生态浩劫，而为了保护丁香鱼产卵与幼鱼的成长，澎湖县于1999年5月1日起公告，澎湖的白沙乡北部海域的渔场，于每年5月1日起至5月31日止为丁香鱼的禁渔期，以使丁香鱼的数量以及海域生态不至于受到太大的冲击。

大部分的丁香鱼在当地会被晒成鱼干或腌渍出售，另外，也有加工厂油炸丁香鱼制成酥酥脆脆的"丁香鱼干"，"丁香鱼干"在澎湖可说是重要的名产之一。而新鲜的丁香鱼则可用快炒的方式烹饪。

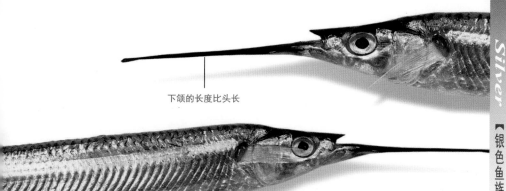

下颌的长度比头长

路氏鱵的侧线明显且位置靠近腹部，背鳍短小不具有硬棘，背鳍的位置十分靠近尾柄，臀鳍位于背鳍下方偏前的位置，背鳍、胸鳍、腹鳍以及臀鳍皆十分短小，尾鳍形状为深叉形，下尾叶长于上尾叶，鱼体颜色为蓝灰色，腹部颜色为白色，体侧中央有银白色纵带。其体形侧扁且较细长，上颌短小，微微突出，下颌向前延长突出成针状，下颌的长度长于头长，此为鱵科鱼类最明显的特征。

路氏鱵
Hemiramphus lutkei

■ 别称：水针、水尖

■ 外文名称：Lutke's Halfbeak

　　台湾地区俗称的"水针"大多是指下颌突出成针状的鱵科鱼类，在鱼类分类上属于颌针鱼亚目（Belonoidei），鱵科（Hemiramphidae），鱵属（*Hemiramphus*），而其中以"路氏鱵"这一种最为常见，本种在1847年由Valenciennes所命名发表。

　　台湾地区四周海域皆有水针的分布，几乎都栖息在沿岸的海域，为表水层鱼类，喜群游觅食，生性胆小机警，每当受到惊吓时会跃出水面以逃避敌害。每年的4月开始一直至7月中旬为水针的繁殖期，食性为肉食性，以浮游生物和水中的悬浮有机物为食。

　　在台湾除了上述所介绍的路氏鱵以外，尚有斑鱵（*Hemiramphus far*）、瓜氏下鱵（*Hyporhamphus quoyi*）与日本下鱵（*Hyporhamphus sajori*）等。市场上的水针都是野外捕获的，捕获的方式以流刺网与定置网为主，夏季为水针的盛产期。水针在日本是制作生鱼片的最佳食材之一，尤其日本下鱵更是做生鱼片的高级水针，而瓜氏下鱵体形较小且在台湾地区只分布于西部沿岸，因此在一般市场上的利用性较低也较少见，而南洋鱵与斑鱵是相当普遍的种类。水针的烹饪以生食、油煎或炭烤为主，例如"水针刺身""盐烧水针"或"水针天妇罗"等。

背鳍的前端鳍条较长

银鲳 *Pampus argenteus*

■ 别称：白鲳鱼
■ 外文名称：

Harvestfish(美国加州),

Bawal puteh(马来西亚),

Halwa(印度尼西亚),

Aileron argente(法国),

Gray pomfret(印度尼西亚、泰国),

Palometon platero(西班牙),

Silver pomfret(联合国粮食及农业组织、印度尼西亚、泰国)

　　银鲳在鱼类分类上属于鲳亚目（Stromateoidei），鲳科（Stromateidae），鲳属（*Pampus*），本种在1788年由Euphrasen所命名。

　　银鲳只分布于台湾地区的西部海域以及北部海域，主要栖息于具有沙泥底质的近海海域，常活动于潮流缓慢的环境。白天大多在海底活动，觅食底栖生物、浮游性甲壳类或小型鱼类，而晚上则会游至上层水域。银鲳有季节性洄游的习性，冬天栖息的范围较集中且狭窄，每当春天时海底的暖流增强，银鲳会由较深的海域迁移至较浅的海域产卵，产卵后仍停留在沿海的浅水区域觅食及活动，直至水温降低后才会迁移至较深的海域。

　　在台湾，渔民捕抓银鲳的方式以流刺网、围网和拖网为主，以10月至翌年3月为银鲳的盛产期。而鲳鱼的食用价值在很早即有记载，如古代藏器曰："鲳鱼生南海，状如鲫身正圆无硬骨，做美羹食至美。"另外李时珍曰："昌，美也，以味名；或云：鱼游于水，群鱼随之，食其涎沫，有类于娼，故名。"而《岭表录异》内也有提到鲳鱼的料理美味，可见鲳鱼在古时就已是很受欢迎的海鲜了。

　　在市场上分大鲳、中鲳以及小鲳，重量一斤以上者为大鲳，半斤左右为中鲳，而重量半斤以下者为小鲳，中鲳及小鲳因价格较低廉，在自助餐中较常见，而一斤以上的大鲳因肉多细嫩肥美，常见于喜宴或海鲜店里，属于价格较高的海鲜。鲳鱼的食用方法大多以清蒸、红烧和油炸为主，尤其体形较小的鲳鱼几乎都是以油炸来处理。

银鲳的体形为侧扁的卵圆形，头部小，吻端钝圆，上颌比下颌突出，背缘以及腹缘呈弧形，上下颚都具有细齿，鳞片细小且易脱落，侧线位置偏高，背鳍及臀鳍的前端鳍条较长，幼鱼时期会特别明显，胸鳍的比例大，幼鱼时期具有腹鳍，但会逐渐退化消失，尾鳍形状为叉形，末端较尖但没有延长，尾鳍的外形类似燕子的尾巴。体色为银白色。（黄一峰 摄）

圆白鲳的体形为侧扁的圆形，背缘高且呈弧形，头缘呈弧形，吻端钝，上下颌等长，口小，覆盖在身体上的鳞片为栉鳞，身体的鳞片较大而头部的鳞片较细小，侧线完整且呈弧形。背鳍只有一个，背鳍的硬棘部与软条部之间具有明显的下凹，硬棘部的鳍条长，且有三条鳍条延长成丝状，臀鳍外观形状与背鳍的软条处相同并且相对应，腹鳍的第一根鳍条长并且延长成丝状，尾鳍形状为双内凹的楔形。

— 延长成丝状的鳍条

圆白鲳 *Ephippus orbis*

■**别称**：铜盘鱼

■**外文名称**：Orbfish, Spade Fish, Round Spadefish, Orbiculate Spade Fish

圆白鲳在鱼类分类上属于刺尾鱼亚目（Acanthuroidei），白鲳科（Ephippidae），白鲳属（*Ephippus*），本种在1787年由Bloch所命名发表。

圆白鲳只分布于台湾地区西部海域，主要栖息于具有沙泥底质的海域或沿海，食性为肉食性，以鱼类和其他小型生物为食。目前台湾对此鱼种的研究不多，其生态习性目前仍不十分明了。

台湾几乎只有西部海域才能捕到圆白鲳，虽然肉质佳，但产量却不多，也不稳定，常在底拖网作业或虾拖网作业时被捕获。烹饪方式以油煎为主。

布氏鲳鲹的体形呈侧扁的卵圆形，吻端钝，上颌圆，具有平直且完整的侧线，不具有棱鳞及离鳍。背鳍以及臀鳍的前半部鳍条较长且呈弯刀状，尾柄细且短，尾鳍形状为深叉形。身体颜色以银白色为主，背部颜色较深，为灰黑色，身体下半部为银白色，各鱼鳍的颜色都较深，几乎是呈暗褐色。

布氏鲳鲹
Trachinotus blochii

■别称：金鲳、红衫

■外文名称：Asian Pompano(联合国粮食及农业组织), Snubnose Pompano(美国加州),
Snubnose Dart, Swallowtail(澳大利亚、新西兰), Bloch's Dart, Australian Dart(泰国)

布氏鲳鲹在鱼类分类上属于鲹科（Carangidae），鲳鲹属（*Trachinotus*），本种在1801年由Lacepede所命名发表。

布氏鲳鲹分布于印度洋至太平洋的海域，在台湾地区的分布以西部及南部海域为主，喜欢栖息于沿岸、岩礁区、内湾或河口，幼鱼则栖息于具有沙泥底质的沿岸水域，为广盐性的鱼类，对盐度适应力强，但不耐低温。布氏鲳鲹食性为杂食性，以软体动物或无脊椎动物为食。每年的3月至10月是布氏鲳鲹的繁殖期，4月至6月为繁殖的高峰期。在刚捕获时体表会有红色的反光，也因此渔民将它称为"红衫"。

红衫为台湾海水养殖的主要鱼种，目前养殖的红衫分镰鳍鲳鲹（*Trachinotus falcatus*）与布氏鲳鲹。在台湾，烹饪红衫以红烧和清蒸为主。因其市场接受度高，生长迅速，对环境的适应力强，加上繁殖技术的突破而使种苗得以供应稳定，因此成为台湾最常见的海水养殖鱼种。市面上所见的红衫绝大部分都是人工养殖的，野生捕获的红衫已经较少见了，一般养殖户从放养鱼苗后6~9个月即可收成上市。

小牙鲾的体形为侧扁的椭圆形，除了头部以及胸鳍基部至臀鳍之间的区域没有鳞片外，身体其余部分的鳞片皆为圆鳞，背鳍以及臀鳍皆具有鞘鳞，腹鳍则具有腋鳞，有完整的侧线。胸鳍外形类似镰刀状，臀鳍与背鳍的形状相似，尾鳍形状为深叉形，尾柄细。身体颜色为银白色，背部颜色较深，呈银灰色，腹部也是银白色，体侧有不规则的条纹以及斑块，鱼鳍的颜色皆为淡黄或接近半透明，喉部具有细菌共生的发光器官。

可伸缩自如的口部 ——

小牙鲾 *Gazza minuta*

■ 别称：金钱仔、金钱花、叶子鱼

■ 外文名称：Common Toothed Ponyfish (美国加州、澳大利亚、新西兰、泰国),Silver Belly(印度尼西亚)

小牙鲾在鱼类分类上属于鲈亚目（Percoidei），鲾科（Leiognathidae），牙鲾属（*Gazza*），本种在1795年由Bloch所命名发表。

在台湾地区，除了东部海域以外，其他海域皆有小牙鲾的分布，喜欢活动于有沙泥底质的海域以及近海沿岸，属于底栖性鱼类。食性为肉食性，以小鱼、小型甲壳类等为食，繁殖期时会游入河口产卵。

捕获方式以底拖网、待袋网、小型围网和手钓钓获为主。

小牙鲾属于小型的食用鱼，其刺多肉少，因此常以煮汤的方式烹饪，因其具有特殊的鲜味，味道极佳，虽然几乎只适合用来煮汤，但还是很受欢迎。小牙鲾不仅可供食用，同时也是早期虾类养殖的生鲜饵料之一。

鳃盖上的黑斑

Silver

银色鱼族

A MARKET GUIDE TO FISHES & OTHERS

刺鲳的特征是鳃盖上具有一块黑斑，其胸鳍外形类似镰刀，腹鳍小，尾鳍外形呈叉形，背鳍前端高度较高，向后逐渐变低。身体颜色为浅灰蓝色，具有银白色的光泽。其体形为侧扁椭圆形，眼中大，吻端圆形，头部稍呈圆形，上颌比下颌凸出些。身体的鳞片为易脱落的圆鳞，侧线完整且呈弧形。幼鱼颜色较黯淡，呈淡褐色或黑褐色。

刺鲳
Psenopsis anomala

■ 别称：肉鱼、肉鲫鱼

■ 外文名称：Pacific Rudderfish (联合国粮食及农业组织),Butterfish(美国、加拿大),
Stromate du Japon (法国),Pampano del Pacifico(西班牙),Japanese Butterfish

刺鲳在鱼类分类上属于鲳亚目（Stromateoidei），长鲳科（Centrolophidae），刺鲳属（Psenopsis），本种在1844年由Temminck与Schlegel所共同命名发表。

台湾地区四周海域都有刺鲳的分布，而以西部及南部的海域较多，喜欢栖息于有泥沙底质的海域，表层至底层都是其活动的范围，近海沿岸至大洋区都有分布，栖息水深约30至60厘米。成鱼白天在海水的底层活动，晚上才会出现在表层水域觅食。食性为肉食性，以浮游生物、小型鱼类及甲壳类为食。刺鲳幼鱼会成群活动于表水层，喜欢藏匿于水面的浮藻或浮游物下，有时甚至会躲藏于水母的触手下。

刺鲳为台湾地区十分常见的海产鱼类，也是家喻户晓的海鲜之一，自助餐店或市场上都可经常看到。市面上所贩售的刺鲳大多是以一支钓、流刺网及拖网捕获的。10月至翌年3月为刺鲳的盛产期，此时期的肉质也最为鲜嫩。烹饪方式多半以清蒸、油煎和油炸为主。

22

短棘鲾的体形呈侧扁的椭圆形，近菱形，最明显的特征为背部高耸隆起，使颈部看似凹陷。吻端钝，口小眼大，下颌的下方内凹，身体有圆鳞，头部及胸部皆不具有鳞片，腹鳍具有腋鳞而背鳍以及臀鳍皆具有鞘鳞，侧线完整且明显。背鳍起始于背缘最凸处且基部长，背鳍的前几根鳍条较高而在背缘倾斜处的背鳍较短，腹鳍与背鳍外观一样且位置与背鳍相对，尾柄细，尾鳍形状为深叉形。体色为略具光泽的银白色，背部颜色较深呈银黑色，吻端具有黑斑，侧线以上的体侧具有不明显的垂直黑带。

背部高耸隆起

短棘鲾 *Leiognathus equulus*

■别称：金钱仔、金钱花、叶子鱼

■外文名称：Common Ponyfish(澳大利亚、新西兰),Common Slipmouth,Slimy, Soapy(泰国),Silver Belly(印度尼西亚),Greater Ponyfish

　　短棘鲾在鱼类分类上属于鲈亚目（Percoidei），鲾科（Leiognathidae），鲾属（*Leiognathus*），本种在1775年由Forsskal所命名发表。

　　在台湾地区，只有西部以及南部海域与小琉球才有短棘鲾的分布，主要栖息于具有沙泥底质的海域，因此近海沿岸、潟湖和河口都有分布，属于底栖性鱼类，繁殖期在5月至10月。食性为肉食性，以底栖生物为食。

　　短棘鲾全年皆可捕获，其中以夏季的产量较多，捕获方式以流刺网和滩钓为主，市场上较少见。体形虽不大但肉多，烹饪方式以红烧和煮汤为主。

短体银鲈的体形为侧扁的卵圆形，背部较高，背缘在背鳍起始基部有明显的弯曲，口小且口部能伸缩，眼大。身体的鳞片属于圆鳞，具有完整的侧线，侧线走向呈弧形，几乎与背缘平行。单一背鳍，背鳍前面通常高于后半部，尾鳍形状为深叉形，上下尾叶略大。身体颜色为银白色，越接近背部颜色越暗且偏深，体侧的鳞片具有不明显的斑纹，腹鳍、臀鳍以及尾鳍的颜色为黄色。

▼

背部高耸隆起

短体银鲈 *Gerres erythrourus*

■别称：碗米、换米

■外文名称：Deepbody Mojarra(美国加州),Deep-bodied Silver-biddy(澳大利亚、新西兰），Blue-backed Silver Biddy,Silver Perch(泰国),Kapas laut(马来西亚)

短体银鲈在鱼类分类上属于鲈亚目（Percoidei），银鲈科（Gerreidae），银鲈属（*Gerres*），本种在1791年由Bloch所命名发表。

短体银鲈在台湾地区主要分布于北部和东部海域，喜欢栖息于具有沙泥底质的海域，通常在沿海活动，在河口地区也时常可以发现，具有群游的习性。食性为肉食性，以小型浮游动物或比自己更小的鱼类为食，有时会挖掘底沙以找寻藏匿于沙层下的食物。

在台湾地区全年皆可捕获短体银鲈，捕获的方式有手钓、围网、拖网和流刺网，因为不是主要的渔获种类，因此在市面上较少见。烹饪方式以油炸和油煎为主。

硬棘部的鳍条呈丝状

海鲂的体形十分特殊，因此非常容易辨识，体形侧扁，头大，吻端至背鳍基部呈45度角的斜面。眼睛中大且距离吻端较远，口裂倾斜，口裂的角度几乎垂直，下颌十分显眼，下颌略比上颌长，侧线完整，侧线并非平直，而是前半段有弯曲且较高。背鳍单一，硬棘部与软条部之间无明显内凹，但区分得十分明显，硬棘部的所有鳍条皆延展呈丝状，硬棘部鳍条的长度几乎与体高相同，软条部则一直延伸至尾柄处。臀鳍单一，臀鳍前半段为较长的硬棘，后半段为软条，臀鳍后半段与背鳍软条部的外形相同且位置也与其相对应，腹鳍细长且末端尖细，尾鳍形状为楔形。体色为暗灰银色，体侧各具有一个明显黑色圆斑，圆斑外缘有蓝白色的细边。

海鲂 *Zeus faber*

■别称：镜鲳

■外文名称：John Dory(美国加州、英国、澳大利亚、新西兰、南非),Doree(英国),
Saint Pierre(法国),Pez de San Pedro,San martino(西班牙),Heringskonig(德国)

海鲂在鱼类分类上属于海鲂亚目（Zeioidei），海鲂科（Zeidae），海鲂属（*Zeus*），本种在1758年由Linnaeus所命名发表。

台湾地区除了南部外其余的海域皆有海鲂的分布，北部产量较多。海鲂属于深海鱼类，喜欢栖息在平坦且具有沙泥底质的深海海底，在夏季与秋季时会迁移至岩礁较多的地方以准备繁殖。食性为肉食性，以小型鱼类和底栖生物为食。

海鲂的外形十分奇特，在台湾地区的市场里并不多见，但因日本的产量较多，因此在日本是很常见的高级食用鱼种，在台湾地区则属于经济价值较低的海产食用鱼，捕获方式以底拖网为主。海鲂的烹饪方式以盐烧和油炸为主，新鲜的海鲂也适合以生鱼片的方式烹饪。海鲂的幼鱼体形特殊，颜色也颇鲜艳，因此在日本也将海鲂的幼鱼当成观赏鱼饲养。

双线若鲹的体形为侧扁的纺锤形，背缘与腹缘呈弧形，头部与背部为平顺的曲线，吻端略尖，口裂稍倾斜，眼中大，侧线完整且明显，侧线的走向一开始呈弧形，至第二背鳍中央位置下方开始变平直。背鳍有两个，第一背鳍基部短，鳍高低，外形略呈三角形；第二背鳍基部长，前端的鳍条十分长，成鱼甚至会延伸呈丝状，第二背鳍前端外形略呈镰刀形，臀鳍位置与第二背鳍相对应且外形也相同，尾鳍形状为叉形，尾叶末端圆钝。身体颜色为蓝绿色，背部颜色较深，身体颜色越接近腹部，颜色越淡，腹部颜色为银白色。（＊图片错误，配图为高体若鲹）

断斑石鲈的体形为侧扁的长椭圆形，背缘较高且呈弧形，腹缘呈较平缓的弧形，吻端钝，上颌比下颌突出。身体鳞片属于栉鳞，侧线完整。单一背鳍，背鳍前端较高，且由硬棘所构成，臀鳍外观呈小倒三角形，第一根鳍条为较粗的硬棘，尾鳍末缘稍内凹，属于内凹型的尾鳍。身体颜色为银白色，靠近背部的颜色较深，呈银灰色。幼鱼的体侧具有黑斑构成的横带，背鳍也有小黑斑分布，不过随着成长，其体侧的横带及背鳍的黑斑会逐渐褪去。

双线若鲹
Carangoides dinema

■别称：甘仔鱼

■外文名称：Shadow Kingfish, Two-thread Trevally

双线若鲹在鱼类分类上属于鲈亚目（Percoidei），鲹科（Carangidae），若鲹属（Carangoides），本种是在1851年由Bleeker所命名发表。

台湾地区四周海域皆有双线若鲹的分布，大多栖息于沙泥底质的沿岸表层水域，食性为肉食性，以捕食小鱼为生。台湾地区针对双线若鲹的生态研究较少，因此对其详细的生态习性了解不多。

双线若鲹在台湾地区的捕捞方式以流刺网、定置网及一支钓为主。烹饪方式则以清蒸及红烧的方式最适合。

断斑石鲈 *Pomadasys kaakan*

■ **别称**：星鸡鱼、石鲈

■ **外文名称**：Silver Grunter, Common Javelinfish, Javelin Grunter

断斑石鲈在鱼类分类上属于鲈亚目（Percoidei），仿石鲈科（Haemulidae），石鲈属（*Pomadasys*），本种在1830年由Cuvier所命名发表。

台湾地区的断斑石鲈主要分布于西部及北部的海域，栖息环境很多样，如岩礁区、沙泥底质的沿海海域、河口以及潟湖都有其踪迹，属于广盐性鱼类。食性为肉食性，以小型鱼类、甲壳类和软体动物为食，每年的6月至10月为繁殖期，繁殖时会进入河口产卵。

台湾地区全年皆可捕获断斑石鲈，而以夏天与秋天为盛产期，捕获方式以流刺网、拖网和延绳钓为主，也时常被海钓的钓友钓获。除了野生捕获外，断斑石鲈在台湾地区已进行人工养殖，每年也放流不少人工培育的断斑石鲈鱼苗。断斑石鲈适合以油煎和煮汤方式烹饪。

花鲈的体形为侧扁的长椭圆形，背缘稍微隆起，下颌比上颌突出，身体的鳞片属于不易脱落的细小栉鳞，侧线完整且明显，侧线走向几乎与背缘平行。背鳍单一，背鳍的硬鳍与软鳍之间内凹，使背鳍看起来类似两个半圆形，臀鳍第一根棘为较粗的硬棘，尾鳍形状为叉形。前鳃盖缘有3根棘突，主鳃盖骨有2根锐利的棘。体侧具有黑点，黑点大多排列于侧线上。

花鲈
Lateolabrax japonicus

■ **别称：** 鲈鱼、七星鲈

■ **外文名称：** Japanese Seabass(联合国粮食及农业组织),Common Sea-bass, Japanese Perch(美国加州),Bar du japon(法国),Serranido japones(西班牙)

花鲈在鱼类分类上属于鲈亚目（Percoidei），真鲈科（Percichthyidae），花鲈属（*Lateolabrax*），本种在1828年由Cuvier所命名发表。

花鲈在台湾地区主要分布于西部及北部地区，大多栖息于半淡咸水区，例如河口，但也有些花鲈会进入河川中下游或海中生活，因此在近海海域、岩礁区、潟湖、河口以及河川下游皆有其踪迹，属于广温广盐性鱼类，对环境的适应力非常强。每年10月至隔年的4月为花鲈的繁殖期，多半会在沿岸海域的岩礁产卵，到春夏季时幼鱼会游至河川中下游，而在冬季才降游回海洋中。食性为肉食性，以鱼类和甲壳类为食。

花鲈为台湾地区十分常见的食用鱼类，也是台湾地区最早被食用的鲈鱼，全年皆可捕获，以5月至8月之间的产量最多。

花鲈可以在纯淡水、纯海水或半淡咸水的环境中饲养，而台湾地区目前皆以纯淡水养殖的方式为主，不过渔船偶尔还是可以捕获野生的花鲈。花鲈的蛋白质含量十分丰富，在民间也大多认为能促进伤口的愈合。不过在烹饪花鲈时需要特别小心鳃盖，鳃盖缘有片状的棘，十分锐利，几乎跟小刀一样，一不小心就会被割伤，另外也要留意鱼鳍的硬棘。花鲈在台湾地区的制作方式以清蒸为主。

条纹狼鲈的身体颜色以银灰色为主，背部的体色较深，呈暗绿色，腹部颜色为银白色，体侧具有数条细纵纹。其体形为侧扁的长椭圆形，背缘稍微隆起，吻端尖，口大，口裂倾斜，下颌比上颌突出。背鳍单一，背鳍的硬鳍与软鳍之间有明显的内凹，使背鳍看起来类似两个半圆形。前端背鳍由硬棘构成，后端的背鳍皆是软条，背鳍末端圆，臀鳍末端呈小三角形，臀鳍的尖端钝，尾鳍呈内凹形或叉形。

条纹狼鲈
Morone saxatilis

■别称：银花鲈鱼、线鲈　■外文名称：Striped Bass

条纹狼鲈在鱼类分类上属于鲈亚目（Percoidei），狼鲈科（Moronidae），狼鲈属（*Morone*），在1792年由Walbaum所命名。

台湾地区并无条纹狼鲈的分布，条纹狼鲈原产于北美洲东岸，大多栖息于河口以及沿海，属于广盐性鱼类，在水温较低的秋冬季节会在河川内过冬以及产卵。食性为肉食性，以鱼类、甲壳类和昆虫为食。

条纹狼鲈是由美国引进的养殖鱼种，业者于1991年引入台湾地区养殖，台湾地区引入的条纹狼鲈有野生的，也有杂交的，其中杂交种是由雌条纹狼鲈与雄金眼狼鲈（*Morone chrysops*）交配所产生的，杂交的条纹狼鲈因在养殖等多方面优于原生的条纹狼鲈，因此成为养殖业者最喜爱的养殖种类，也是我们市面上常见的条纹狼鲈种类。条纹狼鲈的养殖集中于台湾中南部沿海，因已可完全养殖，因此市场上算是平价的食用鱼类。条纹狼鲈在台湾地区的烹饪方式以清蒸和红烧为主。

银鲑的体形呈侧扁的纺锤形，吻端钝且口裂大，口裂倾斜，上颌骨较宽且比下颌突出些，成鱼的口裂更大，且上下颌略呈钩状，侧线明显且完整，侧线走向十分平直。除了头部无鳞片外，其身体鳞片皆为细小的圆鳞。背鳍位于背部中央的位置，其外观形状为三角形，背鳍后方靠近尾柄处有一个小的脂鳍，臀鳍位置十分靠近尾柄处，且几乎位于背部脂鳍的正下方，腹鳍位于腹面且正好位于背鳍正下方，与背鳍相对应，尾鳍形状为内凹形。身体背部颜色为银灰色，腹部颜色为银白色，靠近背部处有小黑点分布。

银鲑
Oncorhynchus kisutch

■ **别称**：银大麻哈鱼、鲑鱼

■ **外文名称**：Coho Salmon

　　银鲑在鱼类分类上属于鲑科（Salmonidae），大麻哈鱼属（*Oncorhynchus*），本种在1792年由Walbaum所命名发表。

　　台湾地区并不是银鲑的原产地，银鲑原产于美国与加拿大地区，属于洄游冷水性鱼类，喜欢生活在10～18℃的低温溪流中，栖息的溪流水质清澈且略为湍急。银鲑因具有洄游的习性，因此对盐分的适应力很强，繁殖时会由海洋游至河川上游交配产卵。与其他鲑鱼一样，成熟的银鲑会回到出生的地方繁殖，孵化后的小鲑鱼会在出生地待上一阵子，成长至一定大小后，会开始顺流而下回到海洋。食性为肉食性，以小型鱼类和水生昆虫为食，甚至会跃出水面捕食在水面上飞翔的昆虫。

　　银鲑在台湾地区没有进行人工养殖。银鲑在欧美国家是十分普遍的食用鱼类，因为原产于北美一带，所以每年繁殖期时会有数以百万条的银鲑返回出生地，形成很壮观的自然景观。市面上所见的银鲑皆是人工养殖的进口的生鲜，以冷藏方式空运，因此鲜度极佳。银鲑大多在原产地会以加工成鱼排的方式出售或出口，也有不少是台湾进口整尾的银鲑再切块出售的。银鲑的烹饪以油煎和炭烤的方式为主，新鲜的鲑鱼也是生鱼片的上等材料，而在西餐厅的开胃菜中常会有一道烟熏鲑鱼片，烟熏的烹饪方式也是鲑鱼特有的，其他以鲑鱼为食材的料理还有蒜烤鲑鱼、茄汁鲑鱼等。

虹鳟的体形为侧扁的纺锤形，吻端钝且口裂大，上颌骨较宽且比下颌突出，成鱼的口裂更大，且上下颌为钩状。除了头部无鳞片外，其身体鳞片皆为细小的圆鳞。背鳍不大且外观形状为半圆形，背鳍后方靠近尾柄处有一个小的脂鳍，尾鳍形状为叉形。身体颜色为灰绿色，腹部颜色为银白色，身上有小黑点，越靠近背部，小点分布得越密集，而在繁殖期时成鱼的体侧会有很明显的紫红色纵带，也因此有"虹鳟"之称。幼鱼的体侧则具有8～13个明显的椭圆形斑块，斑块在长大后会消失。

虹鳟
Oncorhynchus mykiss

■ 别称：麦奇钩吻鲑、鳟鱼

■ 外文名称：Rainbow Trout

虹鳟在鱼类分类上属于鲑科（Salmonidae），大麻哈鱼属（*Oncorhynchus*），本种在1792年由Walbaum所命名。

台湾地区的鲑鳟类鱼类只有樱花钩吻鲑一种，目前被列为保护动物，而现今台湾地区所食用的虹鳟，大多原产于美国或是从日本进口受精卵所养殖的。虹鳟为冷水性鱼类，喜欢栖息于水质清澈、沙砾底质的河川或溪流。食性为肉食性，以溪流里的小鱼、小虾和水生昆虫为食，甚至会跃出水面捕食水面上的昆虫。在台湾地区虹鳟繁殖季节约在10月至隔年的2月，雄鱼的特征为口大，吻端下颌稍突出，繁殖期时体色呈黑褐色，生殖孔不突出，而雌鱼的性特征皆与雄鱼相反。

虹鳟是在1957年引进台湾，当时只引进受精卵，在多方面的努力下，至1961年开始大量生产并推广虹鳟的养殖，因人工繁殖以及养殖技术的成功进步，使得虹鳟的人工养殖有稳定的鱼苗可供给，也可稳定供应市场的需求。因虹鳟系属冷水性鱼类，又喜欢清澈干净的水质，因此台湾养殖虹鳟都集中于中北部的山区。

虹鳟的肉质细嫩、刺少，因此有"鱼者之尊"的称号，含有丰富的蛋白质，又加上胆固醇很低且无任何腥味，因此深受大众的喜爱。虹鳟以各种方式烹饪皆可，而新鲜的虹鳟以清蒸的方式，最能表现出虹鳟的鲜美，其他以虹鳟为食材的料理如炭烤虹鳟、茶梅虹鳟、茄汁熏虹鳟等都是休闲养殖场的招牌菜肴。

康氏似鲹的体形长且呈侧扁，头部在眼睛上方稍微向内凹，吻端尖，下颌比上颌突出，除了头部之外，身上其余的鳞片皆为埋在皮下的细圆鳞，侧线完整无棱鳞，侧线在胸鳍上方的位置较高。具有两个背鳍，第一背鳍由6至7个硬棘构成，棘间只有基底处有小膜相连，第二背鳍后半部约有7至12个半分离的鳍条，臀鳍形状与第二背鳍一样且等长，胸鳍位于鳃盖后方，腹鳍位于胸鳍正下方，尾鳍形状为深叉形。身体颜色为蓝灰色，背部颜色较深为蓝黑色，腹部颜色为银白色，眼睛上缘部位有黑色的短纵带。康氏似鲹最大的特征在于体侧有一列黑色圆斑，圆斑几乎位于侧线以上，而幼鱼则无此黑斑。

康氏似鲹 *Scomberoides commersonnianus*

■**别称**：七星仔

■**外文名称**：Queenfish, Talang Queenfish, Largemouth Queenfish

康氏似鲹在鱼类分类上属于鲈亚目（Percoidei），鲹科（Carangidae），似鲹属（*Scomberoides*），本种在1801年由Lacepede所命名。

台湾地区四周的海域皆有康氏似鲹的分布，而以西南部及南部产量最多。康氏似鲹在台湾有"七星仔"之称，此外，似

鲹属的托尔逆沟鲹和逆钩鲹亦有此名。康氏似鲹大多栖息于沙泥底质沿岸表层水域，为肉食性，以捕食小鱼为食，台湾地区对康氏似鲹的生态研究较少，对其详细的生态习性了解不多。康氏似鲹在台湾地区捕捞方式以流刺网、定置网及一支钓为主，其烹饪方式以油煎最适合。

日本竹笋鱼 *Trachurus japonicus*

■ **别称**：吧浪鱼、大目鲭

■ **外文名称**：Horse-mackerel,Japanese Mackerel(美国加州、欧洲),Scad(欧洲、新西兰)

日本竹笋鱼在鱼类分类上属于鲈亚目（Percoidei），鲹科（Carangidae），竹笋鱼属（*Trachurus*），本种在1844年由Temminck与Schlegel所共同命名发表。

台湾地区四周的海域皆有日本竹笋鱼的分布，它们喜欢栖息于近海沿岸或礁岩区，栖息在约为5～7米的海水中。行动敏捷，常在近海沿岸水域群游，在水域深度的垂直分布受日夜影响。食性为肉食性，常以小型甲壳类及体形较小的鱼类为食。

日本竹笋鱼虽然在台湾四周的海域皆有分布，但其产量不多，几乎只有由基隆开往彭佳屿海域作业的船只才能捕获较多的日本竹笋鱼，也因为产量的不稳定，而无法普遍利用。每年的5月是日本竹笋鱼的渔获期。日本竹笋鱼是船钓的最佳钓饵之一，钓友大多会先钓些日本竹笋鱼，再以钓获的日本竹笋鱼为饵，以钓到更大型的鱼类。日本竹笋鱼的肉质及味道都不错，在台湾的烹饪方式是将其去除内脏后油炸食用，也可以盐烤或做成生鱼片。它也是日本人非常喜爱的家常食用鱼之一。

日本竹笋鱼的体形为侧扁的长纺锤形，背缘与腹缘相同且略呈弧形，尾柄细小有力，吻端尖，下颌比上颌突出。具有完整的侧线，侧线由背鳍第18条软鳍条下弯成直线，侧线皆由明显的棱鳞所构成，侧线上明显的棱鳞是竹笋鱼属的重要特征，背部另具有副侧线。有两个位置相近的背鳍，第一背鳍短，外形呈三角形，第二背鳍基部长，鱼鳍高度逐渐向后变短，腹鳍位于第二背鳍正下方，其形状外观皆与第二背鳍一样，胸鳍长，腹鳍位于胸鳍下方，尾鳍形状为深叉形。身体颜色为蓝绿色或黄绿色，腹部颜色为银白色，在鳃盖后上方具有一个黑斑，侧线的棱鳞为黄色。

高体鲕的体形为稍侧扁的纺锤形，上颌宽大，下颌较薄，背部呈美丽的弧形，腹面圆，有完整无棱鳞的侧线。随着逐渐长大，其尾柄两侧会逐渐有明显的肉质棱脊，胸鳍及腹鳍短小，背鳍与尾鳍的形状相似，尾鳍形状为深叉形，尾柄处具有凹槽。身体体色为蓝灰色，背部颜色较深，有时体表具有粉红色光泽，腹面颜色为银白至淡褐色，有时体侧具有一条粗但不明显的黄色纵带。高体鲕的幼鱼体侧具有5条暗带，头部也具有一条斜的暗带，亚成鱼时身体的暗带消失，头部斜暗带仍然存在，体侧及各鳍呈黄色、橄榄色或琥珀色。

及达虾鲹的体形为稍微侧扁的长椭圆形，身体鳞片属于圆鳞，侧线前半部为弧状，至第二背鳍第7条鳍条下方开始直走，此处鳞片全为棱鳞，尾鳍形状为叉形。身体靠背部的颜色为蓝绿色，体侧上半部具有数条暗色的横带，腹部则为银白色。鳃盖上方具有明显的黑斑，背鳍以及尾鳍颜色为黄绿色，臀鳍颜色偏淡黄色，胸鳍颜色为透明。

鳃盖上具有黑斑

及达虾鲹
Alepes djedaba

■ 别称：黄尾鲹、西瓜皮

■ 外文名称：Shrimp Scad, Shrimp Caranx, Slender Yellowtail Kingfish, Banded Scad, Djebbada Crevalle

及达虾鲹在鱼类分类上属于鲹科（Carangidae），虾鲹属（*Alepes*），本种在1775年由Forsskal所命名发表。

及达虾鲹在台湾地区几乎只见于澎湖的四周海域，台湾本岛附近十分少见，喜欢成群集结于礁岩区或在近海岩岸洄游。

及达虾鲹为台湾地区重要的食用鱼，但相关生态研究甚少，目前捕获及达虾鲹的方式以底拖网为主，也有以钓获的方式捕获。及达虾鲹在台湾的烹饪方式大多为油炸或加工做盐渍，刚捕获的新鲜及达虾鲹也可做成生鱼片食用。

体形为稍侧扁的纺锤形

高体鰤 *Seriola dumerili*

■ 别称：红甘

■ 外文名称：Greater Amberjack(联合国粮食及农业组织),Great Amberjack,Rubberjack, Shark-pilot(英国),Allied Kingfish(澳大利亚、新西兰),Dumeril's Amberjack(泰国)

　　高体鰤在鱼类分类上属于鲈亚目（Per-coidei），鲹科（Carangidae），鰤属（*Seriola*），本种在1810年由Risso所命名发表。

　　高体鰤的栖息环境广泛，包括大洋区、近海沿岸、海湾河口以及礁岩区，为全球性鱼类，在台湾地区四周的海域皆有高体鰤的分布，其体长可达1.5米，重约50千克，但大部分的高体鰤体长多在1米以下。高体鰤为肉食性鱼类，以无脊椎动物及小鱼为食。

　　高体鰤为台湾地区重要的高级食用海产鱼类，也是台湾箱网养殖的重要鱼种之一，因此目前市场上所见的高体鰤大部分为养殖的高体鰤，不过也有不少是捕捞的

野生高体鰤。

　　高体鰤可以说是具有极高经济价值的海产鱼类，因市场上贩卖的高体鰤体形比其他鱼类大得多，因此海鲜店常以一鱼三吃的方式烹饪高体鰤，包括做成生鱼片、清蒸以及煮鱼汤。新鲜的高体鰤最适合的烹饪方式还是做成生鱼片，而高体鰤肚子部位所做的生鱼片更是台湾人的最爱，也是老饕最爱的部位。高体鰤最好吃的时节是在秋季，以2～3千克重的鱼最佳，人工养殖的高体鰤鱼肉所含的油脂较多，因此做成生鱼片时可加些萝卜泥来去除油腻感。

蓝圆鲹的体形为侧扁的长纺锤形，下颌比上颌突出，且各具有一列细齿，侧线一开始的位置呈弧形，而约至第二背鳍下方呈直线，侧线后方鳞片皆属于棱鳞，尾鳍形状为深叉形且上下尾叶等长。身体靠近背部的颜色较深，呈蓝绿色，腹部颜色为银白色，鱼鳍颜色皆为淡黄色。

离鳍

蓝圆鲹 *Decapterus maruadsi*

■ 别称：巴浪鱼

■ 外文名称：Amberfish,Blue mackerel Scad

　　一般台湾地区所说的"四破鱼"都是鲹科（Carangidae）里的圆鲹属（*Decapterus*）鱼类，较常见的以蓝圆鲹为主，其次为长身圆鲹（*Decapterus macrosoma*），两种都属于圆鲹属，而以蓝圆鲹最为常见，蓝圆鲹于1844年由Temminck与Schlegel所命名。

　　蓝圆鲹在台湾地区四周的海域皆有分布，是非常常见的海产食用鱼，但东部较少见。蓝圆鲹喜欢栖息于沙泥底质的沿岸或是内湾，有群聚的习性，为中表水层的洄游性鱼类。食性为肉食性，以浮游动物和较小型的无脊椎动物为食，盛产期在春夏两季。

　　每到夏天，在各地鱼市皆可看到很多既新鲜又便宜的蓝圆鲹，因属数量较多的沿岸鱼类，因此价格十分便宜。蓝圆鲹的烹饪十分方便，只要购买新鲜的蓝圆鲹，回家后不用刮鳞及剖肚等程序，洗净后直接清蒸或油煎后即可食用；另外油炸也是经常使用的烹饪方式，如果是非常新鲜的蓝圆鲹，甚至可以做成生鱼片食用。但蓝圆鲹的脂肪多，易因腐败而产生大量组胺，如果食用不新鲜的鱼，较易因高浓度的组胺而产生过敏性食物中毒。此外，蓝圆鲹也常被晒干制成干制品。

两条蓝色纵带之间
夹着黄色纵带

体形为长纺锤形，背缘与腹缘互相对称，头小吻端尖，上下颌几乎等长，鳞片较大，鳞片属于圆鳞，侧线完整且走向呈波浪状。背鳍有两个，第一背鳍小，由数根短棘所构成，鳍条与鳍条间有鳍膜联系，第二背鳍基部较长，臀鳍外形与第二背鳍相似，第二背鳍与臀鳍后方皆具有由两条小鳍条构成的离鳍，此离鳍与背鳍及臀鳍是分开的，此为它的重要辨识特征。它的腹部颜色为银白色，体侧具有两条蓝色纵带，两条蓝色纵带之间又夹着黄色纵带，纵带由头部笔直延伸至尾柄，成鱼尾鳍颜色为深绿色或黑绿色，幼鱼尾鳍颜色为黄色。其体色为蓝绿色，背部的颜色深且明显，越往腹部颜色越淡，尾鳍形状为明显的深叉形，形状犹如剪刀，尾尖尖细。

纺锤鲕
Elagatis bipinnulata

■别称：海草、拉伦

■外文名称：Rainbow Runner ,Pisang-Pisang(马来西亚)

　Bluestriped Runner(美国加州、澳大利亚、新西兰、泰国),Prodigal son(泰国)

　　纺锤鲕在鱼类分类上属于鲈亚目（Percoidei），鲹科（Carangidae），纺锤鲕属（*Elagatis*），本种在1825年由Quoy与Gaimard共同命名发表。

　　台湾地区四周海域皆有纺锤鲕的分布，属于表层鱼种，主要栖息于大洋区，有时也会出现在岩礁区。食性为肉食性，以小型鱼类和浮游生物为食。

　　纺锤鲕为常见的海产食用鱼，捕获方式以延绳钓、流刺网以及定置网为主。因其体形较大，一般都有50厘米以上，因此在市场里为了方便消费者选购，大多会切块出售。各种烹饪方式皆适宜，在台湾最常以油煎和煮汤方式烹饪。

日本鲐 *Scomber japonicus*

■别称：花飞、鲐鱼、鲭鱼　　■外文名称：Chub-Mackerel

鲭鱼在鱼类分类上属于鲭亚目（Scombroidei），鲭科（Scombridae），鲐属（Scomber），台湾地区所称的"鲭鱼"在大陆称为"鲐"，包含日本鲐与澳洲鲐（Scomber australasicus）两种。

台湾地区四周的海域皆可捕获鲭鱼，其中以苏澳的产量最多。鲭鱼多喜欢沿岸活动，属于中上层群游性鱼类，具有很强的趋光性。食性为肉食性，以浮游生物及小型鱼类为主食。捕获方式以围网、流刺网及定置网为主。

鲭鱼的暗色肌部位约占全肌肉的12%，此部分的营养价值极高，含有丰富的铁及维生素B群，而且也含有多种重要的氨基酸，如组氨酸、离氨酸、麸氨酸等游离氨基酸或次黄嘌呤核酸，这些氨基酸的含量皆很高。因鲭鱼含有丰富的铁，因此食用鲭鱼可改善或预防妇女缺铁或贫血的现象。而鲭鱼的脂肪含量也很高，日本鲐身上的鱼油对心血管疾病的预防有很好的效果，可说是最佳的鱼油来源之一。但鲭鱼的内脏器官易因酵素作用而自体消化，易蓄积对人体不好的组胺，摄食过多的组胺会产生中毒现象，因此在保鲜上必须十分小心。

由于鲭鱼易腐败，所以应选购新鲜的鱼，且必须尽快处理，也可利用醋来防腐，在台湾烹饪鲭鱼的方式以煎食及煮味噌汤为主，也可用盐烤、香炸或油煎等方式烹饪，新鲜的鱼也可制作成生鱼片，但台湾很少食用鲭鱼的生鱼片。台湾鲭鱼的产量很高，因此也常用在食品加工以制成盐渍品或鱼罐头。

日本鲐的体形为稍侧扁的纺锤形，身体有点长，背腹缘皆为浅弧形，吻端微尖，上下颌等长，口大且口裂倾斜，尾柄细短有力，尾鳍两侧基部皆有两条小脊。身体的鳞片皆为圆鳞，有完整的侧线。具有两个分离甚远的背鳍，第一背鳍鳍高较高，第二背鳍后另具有5个离鳍，臀鳍形状与第二背鳍相同且位于第二背鳍正下方，尾鳍形状为深叉形，尾端尖。身体背部的颜色为蓝黑色，背部具有不规则的深蓝色花纹，腹部为银白色，不具有任何花纹。

▼

鲭鱼的营养价值

据台湾卫生机构的营养成分分析，每100克重的生鲜鲭鱼所含的成分如下：热量417kcal，水分45.2克，粗蛋白14.4克，粗脂肪39.4克，碳水化合物0.2克，灰分0.8克，胆固醇60毫克，维生素B$_1$ 0.03毫克，维生素B$_2$ 0.47毫克，维生素B$_6$ 0.32毫克，维生素B$_{12}$ 3.77毫克，烟碱素6.05毫克，钠56毫克，钾308毫克，钙7毫克，镁24毫克，磷160毫克，铁1.4毫克，锌1.0毫克。

腹部有蓝黑色的小细纹

澳洲鲐的体形与日本鲐几乎一样，最明显的差异在于颜色，澳洲鲐由背部至侧线附近皆密布不规则深蓝色花纹，而侧线以下的腹部则具有蓝黑色的小斑点或小细纹。

腹部不具有任何花纹

斑点马鲛的体形为侧扁的长纺锤形，身体较细长些，吻端尖，尾柄细小，尾柄上有3条突出的脊，中央的脊比其他两条脊更加长且高。口大且口裂倾斜，上下颌几乎等长，身体鳞片为易脱落的小圆鳞，而位于侧线的鳞片会比其他的鳞片大，具有完整无分支且呈波浪状的侧线。背鳍有两个，第一背鳍几乎都是硬棘，前半段颜色为黑色，而第二背鳍后还有数个离鳍，臀鳍位置在第二背鳍的正下方且形状也与第二背鳍差不多，尾鳍形状为新月形。斑点马鲛的身体颜色为银灰色，背部的颜色通常较深，为蓝灰色，腹部颜色为银白色，体侧有几列由点状斑纹排列成的不明显暗纵带，除了第一背鳍外，其余的鱼鳍颜色皆为灰黑色。

体侧有点状斑纹排列成的不明显暗纵带

斑点马鲛
Scomberomorus guttatus

■别称：马鲛、白腹仔

■外文名称：Indo-Pacific King Mackerel(联合国粮食及农业组织),Seerfish(印度尼西亚),Spottedsier(泰国), Indo-Pacific Spanish Mackerel(美国加州),Thazard ponctue indo-pacifique(法国)

斑点马鲛在鱼类分类上属于鲭科（Scombridae），马鲛属（*Scomberomorus*），本种在1801年由Bloch与Schneider所共同命名发表。

台湾地区四周海域皆产有斑点马鲛，而以西部海域较多，其栖息环境范围十分广阔，如河口、内湾、礁岩区海域或沙质区海域都可发现，但以沿海的大陆架海域较易发现，属于暖水性沿岸型的鱼类，喜欢在水域的中上层活动，个性凶猛且行动迅速敏捷，常会聚集成小群体一起活动，不过虽会聚集活动，但彼此还是会保持一定的距离。食性为肉食性，以海洋中的小型鱼群和甲壳类为食。

斑点马鲛为经济价值十分高的海产食用鱼，在台湾地区以围网、定置网或流刺网等方式捕获，每年的秋冬季节为斑点马鲛的渔获期，冬季时因油脂较多，所以是斑点马鲛最好吃的时候。一般斑点马鲛的制作大多以油煎或煮汤的方式，而其体形较大，所以在市场上很少整条出售，大多是切块出售。

体侧有50～60条波浪状黑色斑纹横带

▲

康氏马鲛的体形为侧扁的长纺锤形，身体较细长些，口大且口裂倾斜，上下颌几乎等长，身体鳞片为易脱落的小圆鳞，而位于侧线的鳞片会比其他的鳞片大，具有完整无分支且呈波浪状的侧线。背鳍有两个，尾鳍形状为新月形。康氏马鲛的身体颜色为灰绿色，背部的颜色通常较深，腹部颜色为银白色，体侧有50～60条波浪状黑色斑纹横带。

康氏马鲛
Scomberomorus commerson

■ 别称：马鲛、土魠

■ 外文名称：Narrow-barred Spanish Mackerel, Indo-Pacific King Mackerel(美国加州、英国),Striped sier(泰国),Kingfish(美国加州、英国、泰国),Barred Spanish Mackerel(澳大利亚、新西兰、泰国),Seerfish(印度),Caritas(西班牙),Katonkel,Barracuda,Spanish Mackerel(南非)

康氏马鲛在鱼类分类上属于鲭亚目（Scombroidei），鲭科（Scombridae），马鲛属（*Scomberomorus*），本种在1800年由Lacepede所命名发表。

台湾地区四周海域皆产有康氏马鲛，但北部较少见，其栖息环境范围十分广阔，如河口、内湾、礁岩区海域或沙质区海域都可发现，但以沿海的大陆架海域较易发现，属于暖水性沿岸型的鱼类，喜欢在水域的中上层活动，个性凶猛且行动迅速敏捷，常会聚集成小群体一起活动。食性为肉食性，以海洋中的小型鱼群和甲壳类为食。

康氏马鲛为经济价值十分高的海产食用鱼，在台湾以围网、定置网或流刺网等方式捕获。一般康氏马鲛大多以油煎或煮汤的方式烹饪，另外市面上的康氏马鲛羹就是将鱼肉加工后油炸再加入羹中，是十分受欢迎的一道地方小吃。而康氏马鲛的体形较大，在市场上很少整条出售，大多是切块出售。

腹面有数条褐色纵带

▲

正鲣的体形呈长纺锤形，身体的横切面为椭圆形，背缘与腹缘呈弧形且互相对称。尾柄细，头部小，吻端尖，下颌比上颌略长，口裂倾斜，眼小且十分接近于口部。身体只有胸部覆盖圆鳞，以及腹部具有鳞瓣外，其余部位皆无鳞，具有完整的侧线。有两个距离相近的背鳍，第一背鳍鳍高较高，第二背鳍后方另具有离鳍，臀鳍形状与第二背鳍相同且位于第二背鳍正下方，尾鳍形状为新月形，尾端尖，上下尾叶外观类似镰刀。身体颜色为蓝紫色，腹部颜色为银白色，腹面有数条褐色纵带，鱼鳍皆为蓝黑色。

正鲣 *Katsuwonus pelamis*

■别称：烟仔、柴鱼

■外文名称：Skipjack Tuna(美国加州、英国、南非、新西兰)，
Skipjack(美国加州、英国、南非、澳大利亚、新西兰)，Echter bonito(德国)

　　正鲣在鱼类分类上属于鲭亚目（Scombroidei），鲭科（Scombridae），鲣属（*Katsuwonus*），本种在1758年由Linnaeus所命名发表。

　　台湾地区四周海域皆有正鲣的分布，大多栖息于大洋区的中上水层，有洄游的习性，有时会结群活动。食性为肉食性，以鱼类和头足类为食。

　　正鲣为台湾地区重要的经济鱼类，也是许多国家和地区的重要渔获物，产量高，在台湾捕获的方式以流刺网、延绳钓、定置网以及一支钓为主。因属洄游性鱼类，每年的2月至6月以及9月至11月会游经台湾沿海或外洋，因此这几个月份为其盛产期。台湾地区所捕获的正鲣大部分都是加工成罐头，为鱼罐头的主要原料，同时因正鲣的体形较大，市场上的正鲣大多纵切成鱼块出售。正鲣制作的方式以油煎和煮汤为主，新鲜的正鲣也是做生鱼片的好食材。正鲣与其他鲭科鱼类一样，是极易腐败的鱼类，因此保鲜的工作十分重要，不新鲜的正鲣易产生组胺而使食用者过敏，在选购时需要特别留意鱼的鲜度。

黑姑鱼的体形为侧扁的长方形，头形偏圆，眼睛的比例较大，吻端钝不突出，尾柄细长，尾鳍形状为楔形，上颌较下颌长，口裂大且倾斜，口内为黑色，此即为黑姑鱼最容易辨识的特征。头部鳞片几乎都是圆鳞，而身体其他部分的鳞片则为栉鳞。腹鳍基部位于胸鳍基部下方，胸鳍宽度窄且长，尾鳍形状为楔形。身体颜色为银灰褐色，腹部及头部颜色较亮，接近银白，背鳍颜色通常为褐色，尾鳍颜色为深褐色，胸鳍为浅褐色，臀鳍上有细小黑点。

口内为黑色

黑姑鱼 *Atrobucca nibe*

■ 别称：黑喉

■ 外文名称：Black-mouth Croaker(美国加州)

黑姑鱼在鱼类分类中属于石首鱼科（ Sciaenidae ），黑姑鱼属（ *Atrobucca* ），本种在1911年由Jordan与Thompson所共同命名。

台湾地区沿海都有黑姑鱼的分布，但主要还是分布于西部和北部沿海。黑姑鱼喜欢栖息于有沙泥底质的沿岸，栖息深度约40至200米。食性为肉食性，以浮游动物、小鱼及小型甲壳类为食。夏季为黑姑鱼的繁殖季节，在繁殖季节时有大量聚集的习性。

黑姑鱼是台湾地区拖网渔业的重要渔获物之一，5月至8月是台湾地区盛产黑姑鱼的季节。黑姑鱼在台湾地区早期一直

为高价的海鲜，民间流传一句话如下："若有钱，黑姑鱼都会盘山过岭；若无钱，三介娘嘛无才调跟入户。"这句话意指只要有钱，不管到哪里都可以享受黑姑鱼；如果没钱，连最便宜的东西都买不起。可见黑姑鱼在当时是十分高级的海鲜。另外一句台湾民间俚谚也提到早期黑姑鱼的昂贵，此句如下："一鮸、二红衫、三鲳、四马加、五鮸、六加纳、七赤鯮、八马头、九乌喉、十春子。"这十种鱼在早期都是高级海鲜，在台湾很多乡土语言中都以黑姑鱼来比喻富有或是有钱人。台湾烹饪黑喉以油煎、炭烤和清蒸的方式为主，也可以糖醋的方式烹饪。

眼斑拟石首鱼 *Sciaenops ocellatus*

■ 别称：美国红鱼、红鼓　■ 外文名称：Red Drum,Redfish

眼斑拟石首鱼在鱼类分类上属于石首鱼科（Sciaenidae），拟石首鱼属（Sciaenops），本种在1766年由Linnaeus所命名发表。

台湾地区并无眼斑拟石首鱼的分布，此鱼原产于美国东南沿海至墨西哥湾。栖息环境的范围非常广阔，包括近海沿岸、潟湖、内湾、沼泽、河口及淡水河流，特别喜欢栖息于具有杂草的河流下游或清澈有水流的环境，对温度及盐度的适应非常好，属于广温广盐性鱼类。食性为肉食性，性凶猛，猎食性强，常以鱼类和昆虫为食。

眼斑拟石首鱼因其具有食用的经济价值，所以由外面引进来台，此鱼种是在1989年时由台湾地区的研究单位引进的，而于1991年至1992年之间在台湾繁殖成功。台湾眼斑拟石首鱼的繁殖季节以春秋两季为主，只要提供适宜的环境，几乎整年皆可产卵，因眼斑拟石首鱼的生殖方式属于多次产卵型，也就是说体内的卵是分批成熟产出，因此繁殖方式采用自然产卵。眼斑拟石首鱼不仅可供食用，更是休闲渔业中海钓场的热门鱼种。眼斑拟石首鱼大多以活鱼贩售或是做成鱼片及鱼排。

褐色的圆点

眼斑拟石首鱼的体形为稍侧扁的长纺锤形，吻端圆钝，上颌比下颌突出，侧线完整。具有两个几乎连在一起的背鳍，第一背鳍基部短，外观类似三角形，第二背鳍基部长，起始于第一背鳍末端，结束于尾柄，尾鳍形状属于内凹形，腹鳍位于胸鳍下方。身体颜色为银黄绿色，背部颜色较深，呈淡黑色或褐色，腹部颜色为银白色或银黄色，各鱼鳍的颜色皆与身体颜色相似，尾柄两侧各具有一个褐色的圆点。

皮氏叫姑鱼 *Johnius belangerii*

■ 别称：加网仔

■ 外文名称：Belenger's Croaker(美国加州),Belenger's Jewfish(澳大利亚、新西兰、泰国),Ghol(印度尼西亚)

皮氏叫姑鱼在鱼类分类上属于鲈亚目（Percoidei），石首鱼科（Sciaenidae），叫姑鱼属（*Johnius*），本种在1830年由Cuvier所命名发表。

皮氏叫姑鱼在台湾地区除了东部海域外，其他海域皆有分布，属于夜行性的浅海鱼类，喜欢栖息于具有沙泥底质的海域，如河口及近海沿岸都是皮氏叫姑鱼最喜欢的栖地，能利用鳔来发出声音，这是此类鱼的特征。食性为肉食性，常在海域底层捕食底栖生物，如无脊椎动物或多毛类，由口部接近身体腹面的特征，即可看出其底栖食性的特性。

皮氏叫姑鱼因喜欢栖息于沙泥底质的海域，因此在台湾西部比较常见，目前市面上所见的皮氏叫姑鱼都是野生捕捞的，是拖网渔业中十分重要的渔获物之一，全年都可捕获，而以春季与夏季为盛产期。在台湾烹饪皮氏叫姑鱼的方式以糖醋、清蒸、油炸及红烧为主，但最适合的烹饪方式还是用煮汤的方式，最能表现出皮氏叫姑鱼的美味，此外也有加工晒成鱼干的制品。

皮氏叫姑鱼的体形侧扁且长，背缘呈弧形，腹部钝圆，尾柄细长，吻端钝圆，口部接近身体腹面，眼大，上颌比下颌突出。身体上的鳞片属于栉鳞，而吻端、颊部及喉部则为圆鳞所覆盖，侧线明显且几乎与背缘的弧度平行。背鳍基部长，且硬鳍与软鳍交接处有深刻，腹鳍位于背鳍起点正下方。身体颜色以银灰褐色为主，越靠近腹部颜色逐渐变淡，且具有银白色亮光。

口部接近身体

斑鳍彭纳鰔的体形为侧扁的长椭圆形，背缘及腹缘呈弧形，吻端钝，口大且略为倾斜，口内为白色，上下颌约等长，身体覆盖的鳞片属于栉鳞，而吻端、眼周围及颊部则覆盖着圆鳞，尾鳍基部有少许的小圆鳞。侧线完整，侧线前半段呈弧形，几乎与背缘平行，而约至臀鳍上方时变得平直。背鳍单一且基部长，尾鳍形状为楔形。身体颜色为银灰褐色，背部颜色较深，越靠近腹部颜色逐渐变成银白色，鳃盖上方具有黑斑块，尾鳍颜色为灰褐色。（黄一峰 摄）（*配图错误，为银彭纳鰔）

鳃盖上具有黑斑 ——

斑鳍彭纳鰔 *Pennahia pawak*

■别称：春子　　■外文名称：Pawak Croaker

斑鳍彭纳鰔在鱼类分类上属于鲈亚目（Percoidei），石首鱼科（Sciaenidae），彭纳石首鱼属（Pennahia），在台湾的俗名为"帕头仔鱼"，本种在1940年时由 Lin 所命名发表。其他同样被称为帕头仔鱼的还有白姑鱼（Pennahia argentata）、截尾白姑鱼（Pennahia anea）与大头白姑鱼（Pennahia macrocephalus）。

斑鳍彭纳鰔在台湾地区主要分布于西部海域、北部海域以及澎湖周围海域，特别喜爱栖息于具有沙泥底质的海域，有产卵洄游的习性，春季至夏季为繁殖期。食性为肉食性，以体形较小的鱼类及甲壳类等为食。

台湾地区全年皆可捕获斑鳍彭纳鰔，而且产量十分高，捕捞方式以底拖网及延绳钓为主，春季至夏季不仅是斑鳍彭纳鰔的繁殖期，同时也是盛产期。在台湾地区大多把斑鳍彭纳鰔当成是廉价的海鲜，在沿海地区并不是很多人喜欢食用，此鱼种在台湾虽不太受大众的青睐，但在日本却是做生鱼片的好食材，肉质细嫩，也十分适合以清蒸或油炸的方式烹饪。

遮目鱼的体形为稍侧扁的长纺锤形,吻端钝且口小,眼睛大,身体鳞片为不易脱落的小圆鳞,侧线发达明显且平直,胸鳍以及腹鳍具有宽大的腋鳞。背鳍位于背部中央偏前的位置,腹鳍位置约在背鳍正下方,臀鳍的位置十分靠近尾鳍基部,大约是在尾柄的位置,尾鳍形状为深叉形。身体颜色以银白色为主,靠近背部的颜色为青绿色,越靠近背部颜色越深。

遮目鱼 *Chanos chanos*

■ **别称:** 虱目鱼

■ **外文名称:** Milk Fish(美国加州、澳大利亚、新西兰),Bangos(菲律宾)

遮目鱼在鱼类分类上属于虱目鱼亚目(Chanoidei),虱目鱼科(Chanidae),虱目鱼属(*Chanos*),虱目鱼只有一属一种,本种在1775年由Forsskal所命名发表。

台湾地区四周海域皆有遮目鱼的分布,而以中南部较常见,为广盐性的热带性鱼类,对盐度的适应力十分强,因此在河口盐分较淡的水域甚至是纯淡水的河川中皆有其踪迹。遮目鱼是非常活泼好动的鱼类,有群游的习性,生性敏锐易受惊吓,会因轻微的惊吓而跃出水面。遮目鱼的食性为草食性,以海底的附着性藻类、浮游生物以及大型藻类的碎片为食,非常不耐低温,水温15℃以下时活动变得迟缓,12℃以下呈假死状态,而低于9℃在短时间内即会冻毙。

遮目鱼的名称众多,除了因纪念郑成功而取为"国圣鱼"以及屏东人发现它们会吃海草而称之为"海草鱼"以外,其他所有的称呼发音十分相似。遮目鱼煮汤时,汤的颜色白稠,看起来很像牛奶,因此其英文名为Milk Fish(牛奶鱼)。

遮目鱼的用途很广,除了直接食用鱼肉外,另外可以加工成鱼丸,甚至体形较小的遮目鱼,也是捕鲔业的最佳钓饵。遮目鱼的细刺太多,吃起来十分不便是最大的缺点,但现在有很多业者开发出无刺遮目鱼,在南部甚至有很多以遮目鱼为主的餐馆,而遮目鱼肚更是台湾人的最爱,因鱼肚肉无细刺,加上油脂较多且具有特殊的香味,因此遮目鱼肚是一道很常见且美味的食物。

午鱼 *Polydactylus* spp. , *Eleutheronema* spp.

■别称：午仔鱼、竹午、马友、耳聋午仔　■外文名称：Paradise Threadfin（美国加州）

午鱼是马鲅鱼科（Polynemidae）的统称，在台湾地区有两个属共6种，分别是小口多指马鲅鱼（*Polydactylus microstomus*）、五丝多指马鲅鱼（*Polydactylus plebeius*）、六丝多指马鲅鱼（*Polydactylus sexfilis*）、黑斑多指马鲅鱼（*Polydactylus sextarius*）、多鳞四指马鲅鱼（*Eleutheronema rhadinum*）、台湾四指马鲅鱼（*Eleutheronema tetradactylum*），以上6种在台湾皆被称为午鱼。

午鱼主要栖息于沙泥底质的沿岸，栖息水深约2～20米，为群栖性鱼类，并常会成群洄游，有时也会游入河口或红树林内觅食。食性为肉食性，喜食甲壳类、鱼类及如蠕虫之类的底栖性生物。

午鱼的渔获方式有利用流刺网、底拖网、定置网或是钓获等方式，因其肉质十分细腻鲜美，为台湾高经济价值鱼种。烹饪方式以油煎、清蒸和煮姜丝汤为主。

黑斑多指马鲅鱼
▼

午鱼的营养价值

据台湾卫生机构的营养成分分析，每100克重的四指马鲅鱼所含的成分如下：热量110kcal，水分77克，粗蛋白19.4克，粗脂肪3.0克，灰分1.3克，胆固醇62毫克，维生素B_1 0.04毫克，维生素B_2 0.11毫克，维生素B_6 0.15毫克，维生素B_{12} 2.04毫克，烟碱素1.90毫克，维生素C 0.4毫克，钠91毫克，钾354毫克，钙12毫克，镁34毫克，磷224毫克，铁0.5毫克，锌0.6毫克。

◀ 台湾四指马鲅鱼

◀ 多鳞四指马鲅鱼

午鱼的体形为侧扁的长椭圆形，头部前端圆钝，吻短而圆，口下位，身体的鳞片为栉鳞，背鳍、臀鳍以及胸鳍的基部皆具有鳞鞘，具有完整平直的侧线。午鱼有两个相距甚远的背鳍，分别为硬棘部与软条部，胸鳍分为上下两部分，上部胸鳍鳍条不分叉，下部有3~8根呈分离丝状的软条，分叉的鳍条数为分类的主要依据，例如五丝多指马鲅鱼具有五枚分叉，尾鳍形状为深叉形。身体为银灰色。

鳓的体形侧扁，背部较平直，腹部较大且具有棱鳞，口裂倾斜，其角度几近垂直，吻端微翘，眼睛大，身体的鳞片属于易脱落的中大型圆鳞，不具有侧线。背鳍小，不具有硬棘，而且位置约位于身体中央，臀鳍基部长，鳍的高度很低，腹鳍较小，尾鳍形状为叉形。身体颜色为银白色，背部的颜色较深，呈灰色，腹部颜色也为银白色，背鳍以及尾鳍的边缘为灰黑色，鱼鳍为淡黄绿色。

鳓
Ilisha elongata

■别称：力鱼、曹白鱼

■外文名称：Elongate Ilisha(美国加州),Slender shad(泰国),

　　Beliak Mata(马来西亚),Alose gracile(法国),Chinese Herring

　　鳓在鱼类分类上属于鲱亚目（Clupeoidei），锯腹鳓科（Pristigasteridae），鳓属（*Ilisha*），本种在1830年由Bennett所命名发表。

　　在台湾地区西部、北部以及澎湖海域皆有鳓的分布，为中上层洄游群居性鱼类，喜欢栖息于具有沙泥底质的河口或沿岸海域，光线较强的白天大多栖息于水域的底层，至黄昏光线逐渐变暗后，会逐渐往水面的中上层移动，有时偶尔会进入盐分十分低的河川内。食性为肉食性，以小型底栖动物为食，如虾类、头足类和多毛类，也会捕食体形较小的鱼类。在日本，

　　鳓的繁殖期约在4月至7月，台湾地区则约在5月至6月为繁殖期，鳓喜欢在沙泥底质的水域且盐分低的河口内产卵，有时甚至会游至河口上游15公里处的河川产卵。

　　鳓在台湾地区大多以流刺网捕获较多，其肉质十分鲜美，是很重要的食品加工鱼种之一。鳓常被加工制成"霉香鱼"，是国际上十分受欢迎的加工鱼产品，在我国的香港称其为"渔产加工品龙头"，可见其在加工食品上的地位有多重要。鱼鳞的完整性是决定加工鳓的质量优劣之关键。

大鳞鲛的体形为延长的纺锤形，身体前半部呈圆形，而后半部身体则较侧扁，头部短小，吻短且钝，眼大，有拟鳃。身体鳞片会随着长大而改变，在稚鱼时身体鳞片属于圆鳞，随着成长会转变为栉鳞，侧线完整且明显。具有两个背鳍，第一背鳍由4条硬棘组成，位于背部中央；第二背鳍比第一背鳍大，臀鳍位置约位于第二背鳍下方，尾鳍形状为内凹形。身体颜色以银白色为主，背部颜色较深，呈深绿色，腹部颜色则为白色，胸鳍颜色为黄色，腹鳍为白色，背鳍与臀鳍皆为灰色，尾鳍为暗蓝色且边缘有黑边。(＊配图为鲛)

大鳞鲛 *Planiliza macrolepis*

■别称：豆仔鱼、尖头、青头
■外文名称：Troschel's Mullet(澳大利亚、新西兰、印度尼西亚),Borneo Mullet(泰国)

大鳞鲛在鱼类分类上属于鲻科（Mug-ilidae），平鲛属（*Planiliza*），本种在1846年由Smith所命名发表。

台湾地区四周海域皆有大鳞鲛的分布，主要栖息于具有沙泥底质的沿岸区，也栖息于半淡咸水的水域，如河口或红树林等，会成群活动及觅食，有产卵洄游的习性，冬季时会由西北部南下至西南部的海域产卵，孵化后的幼鱼会随着潮流而分散于台湾地区各处的沿岸或河口。食性为杂食性，随着成长会转为草食性，以沙泥底质中的藻类及有机碎屑为生。

大鳞鲛为台湾地区十分常见的食用鱼类，但因体形小且经济价值比乌鱼差，因此虽有人工养殖，但并不是很普遍。野生大鳞鲛的捕获方式以沿岸流刺网及吊着网为主，全年皆可捕获，而以12月至翌年1月之间的捕获量最大。大鳞鲛不仅可供食用，也是海钓常用的钓饵之一。大鳞鲛的肉质细嫩，烹饪方式以清蒸和煮汤为主，另外也十分适合红烧。

延伸成丝状的软条

▲

太平洋大海鲢的体形侧扁且偏长，吻端钝，眼大，口大且口裂倾斜，下颌比上颌突出。身体的鳞片属于圆鳞，鳞片偏大，体侧的侧线完整且走向平直。单一背鳍，背鳍的外形类似三角形，位于背缘的中央位置，背鳍末端靠近基部处具有延长成丝状的软条，腹鳍小，位于背鳍正下方的位置，外形类似三角形，臀鳍位于腹鳍与尾鳍之间的位置，基部略长，前半段鳍条长，外形如背鳍的缩小版，尾鳍形状为深叉形。身体颜色为银青灰色，背部颜色较深，颜色逐渐往腹部变浅，腹部的颜色为银白色，胸鳍、腹鳍以及臀鳍的颜色为淡黄色，背鳍与尾鳍为颜色较深暗的淡黄色。

太平洋大海鲢 *Megalops cyprinoides*

■别称：海菴、大眼海鲢、海鲢

■外文名称：Indo-Pacific Tarpon（美国加州），Tarpon Indo-Pacifique（法国），
Tarpon Indo-Pacifico（西班牙），Tarpon（澳大利亚、新西兰、泰国），
Ox-eye Herring（澳大利亚、新西兰），Bulan-Bulan（马来西亚）

太平洋大海鲢在鱼类分类上属于海鲢目（Elopiformes），大海鲢科（Megalopidae），大海鲢属（*Megalops*），本种在1782年由Broussonet所命名。

太平洋大海鲢除了在东部海域较少见外，在台湾地区四周海域皆有分布，栖息的范围十分广阔，岩礁区、河口、潟湖以及沙泥底质的沿海海域皆有其踪迹，但大多还是以栖息于近海沿岸为主，因其对盐分的适应力强，有时其至会出现在河川下游河段。食性为肉食性，以各种小型水生生物为食。

太平洋大海鲢在台湾地区的市场上较少见，因肉质稍差且细刺多，较少人食用。台湾渔民捕抓太平洋大海鲢的方式以拖网、围网以及流刺网为主。由于大众对太平洋大海鲢接受度不高，因此捕获的太平洋大海鲢大多加工制成咸鱼。

日本海鲦的体形呈侧扁的长椭圆形，吻短且钝，眼大，上颌比下颌突出，身体的鳞片为圆鳞，鳞片形状为椭圆形且后缘为锯齿状，胸鳍与腹鳍的基部皆具有腋鳞。背鳍单一，且末端具有延伸成丝状的软条，此丝状延伸的软条是日本海鲦最重要的特征；腹鳍起始于位于背鳍第一根鳍条下方的位置，尾鳍形状为深叉形。身体颜色在侧线以上为银绿褐色，侧线以下与腹部为银白色，鱼鳍几乎都是淡黄色。鳃盖后上方有一个略模糊的黑斑。

背鳍末端延伸成丝状的软条

鳃盖上方的黑斑

日本海鲦 *Nematalosa japonica*

■别称：鲦鱼、扁屏仔、油鱼、日本水滑、海鲫仔

■外文名称：Japanese Gizzard Shad

日本海鲦在鱼类分类上属于鲱亚目（Clupeoidei），鲱科（Clupeidae），海鲦属（*Nematalosa*），本种在1917年由Regan所命名发表。

台湾地区除了东部海域外，其余海域皆有日本海鲦的分布，大多栖息于沿海海域、潟湖甚至河口，属于底栖性的洄游性鱼类，有群游的习性，产卵时会进入盐分较低的河口、内湾或是河川下游。

日本海鲦在台湾地区的产量不多，并非主要渔获，大多是零星捕获或混在其他

海鲜中，捕捞方式以流刺网为主。日本海鲦的制作方式以腌渍或干制较多，尤其是醋制的方式最为常见，日本海鲦的脂肪含量多，营养丰富。体形大的日本海鲦适合盐烤或香炸，体形小的则因鱼刺多且身体薄，能食用的肉并不多，因此只适合将鱼肉中的刺剔除后，做成醋拌物或寿司的材料。以前日本的武士在切腹自杀时都会准备日本海鲦，因此在日本又有"切腹鱼"之称。

鲻 *Mugil cephalus*

■别称：信鱼、正乌、乌鱼

■外文名称：Flathead Grey Mullet,Striped Mullet,Black Mullet(美国加州),
Grey Mullet(英国、泰国、澳大利亚、新西兰),Sea Mullet,Bully Mullet,
Mangrove Mullet (澳大利亚、新西兰),Mulet cabot(法国),Meerasche(德国),
Pardete,Cabezudo,Capitan,Mujol(西班牙), Haarder,Springer,Mullet(南非)

鲻在鱼类分类上属于鲻形目（Mugiliformes），鲻科（Mugilidae），鲻属（*Mugil*），本种在1758年由Linnaeus所命名发表。

鲻性活泼，喜爱栖息于河口及港湾，并能进入淡水生活，可以适应淡水、半咸水和海水等不同环境，成鱼以着生沙泥表层的硅藻和其他生物为食，分布于全世界的温带与热带海域。每年冬季在台湾地区附近海域产卵洄游，繁殖期为10月至翌年1月，怀卵量每尾约有290万～720万粒，鱼卵呈浮性，球状，为珍贵食材"乌鱼子"的原料。鲻在中国大陆的广东汕头、汕尾及福建、浙江、江苏、天津等地早已展开养殖，日本的爱知、静冈两县亦有养殖，以色列、意大利也都有鲻的养殖。日本及中国大陆多采捕天然种苗，以色列则采种鱼培育、采卵，以人工授精的方式培育种苗。

农历冬至前后一个月的时间，是一年一度为渔民带来"乌金"的鲻鱼季节。每年只要到了冬天就有鲻鱼出现，所以人们又称它为"信鱼"，赞许其守信用。古书上记载鲻鱼，首推明朝的医药学家李时珍，他在《本草纲目》中对鲻是这样描述的："鲻色鲻黑故名，粤人讹为仔鱼鲻生于东海，状如青鱼，长者尺余，其子满腹，有黄脂味美，獭喜食之，吴越人以为佳品，腌为鲻腊。肉气味甘平无毒，开胃利五脏，令人肥健与百药无忌。"

脂肪充盈、肌体丰肥的鲻，其肉味鲜美，雄鲻的精巢（俗称乌白或鲻鱼鳔）、

鲻的背鳍有两个，第一背鳍的起点距吻端与尾鳍基的距离相等。尾鳍形状为叉形，后缘缺刻深。身体颜色为银青灰色，腹部颜色为银白色，体侧具有7条暗色纵带。雌鲻可长达60厘米以上，雄鲻在50厘米以上。其体形为长圆筒状，头前部扁平，口小，下颌前端有一凸起，与上颌中央的缺刻凹陷嵌合，口内具绒毛状细齿。眼有广阔的脂眼睑，延伸至瞳孔。鳃耙细密，体侧无侧线，身体的鳞片属于栉鳞，鳞上被深色纵带，头部被圆鳞。

鲻的营养价值

根据台湾卫生机构的营养成分分析，每100克的鲻鱼营养成分如下：热量127kcal，水分72克，蛋白质22克，脂肪4克，糖0.8克，灰分1.2克，钙42毫克，磷220毫克，铁6毫克，维生素B_1 0.23毫克，维生素B_2 0.06毫克，烟碱素3.7毫克。而乌鱼子的一般成分是：水分59.94%，粗脂肪6.69%，粗蛋白质27.39%，灰分6.19%。

雌鲻的卵巢（俗称乌鱼子）及鲻的胃囊（俗称乌鱼肫），都是下酒的好菜。过去乌鱼子是人人皆知的珍品，但这几年鱼鳔的身价上扬不已，已有高过乌鱼子之势。相传滋补壮阳，夜市的一盘鱼鳔，要价高过整条乌鱼，烹调方式是用半煎半炸的方式，先将囊皮弄酥后，佐以辣、蒜、酒三味加以闷煮，下酒佐菜，风味绝佳，男士们趋之若鹜。乌鱼子的外观以色泽橙红均匀为佳，以酒擦拭干净，用火热后切成薄片，加上一片白蒜、一片白萝卜，再蘸点芥末酱油，令人有齿颊留香之感。高雄茄萣是乌鱼子的故乡，历史已有两三百年，一直是昂贵而供不应求的食品。但近几年来，也有许多贸易商为因应市场需求，进口乌鱼子进行加工，对渔民造成不少冲击，不过内行人说，"台湾子"总比"巴西子"美妙，或许是土鸡比洋鸡好吃的道理吧。

鲻鱼肫是鲻的幽门，口感相当爽脆，胜过鸡、鸭的肫，如烧烤后将其撕成丝状，甚具嚼感。鲻鱼肫炒蒜苗或是煮汤，风味都不错。

被剖了腹、拿了肫后的鲻，台湾称之为"乌鱼壳"，是米粉的绝配，一锅鲻鱼煮米粉是高雄茄萣、屏东、东港讨海人家的待客珍肴，嘉义人喜爱将鲻鱼炖米糕，而煎麻油米酒鲻鱼，听说对促进产妇泌乳很有助益。

头长且吻端尖

毛鳞鱼的体形呈侧扁的长条形，吻端尖形，下颌比上颌突出许多，眼大。背部具有长方形的脂鳍，雄鱼臀鳍呈弧形，腹鳍的位置约在背鳍的下方腹部的位置，尾鳍形状为深叉形，尾端尖细。鱼体体侧有两条棱状带，一条由鳃至尾柄，另一条由胸鳍至腹鳍，鱼体背部呈银暗褐色，腹面颜色为银白色。

▼

毛鳞鱼 *Mallotus villosus*

■别称：柳叶鱼、喜相逢

■外文名称：Atlantic Capelin(美国加州),Capelin(英国),Capelan(西班牙)

　　毛鳞鱼在鱼类分类上属于胡瓜鱼科（Osmeridae），毛鳞鱼属（*Mallotus*），本种在1776年时由Mler所命名发表。

　　毛鳞鱼分布于温寒带的海域，例如北冰洋，经常成群在沿岸的表层水域洄游，春天至夏天为其产卵期，成鱼会游至底质为沙质或圆石的海滩产卵，食性为肉食性，以小型鱼类、浮游生物和小型无脊椎动物为食。

　　毛鳞鱼属于冷水水域的海水鱼，因此在台湾地区并没有分布，但在市场上颇受欢迎，是很常见的进口鱼种之一，尤其因为其俗名"喜相逢"讨喜，所以在喜宴上也经常可见用毛鳞鱼做成的菜。毛鳞鱼在原产地是以围网方式捕抓，产量十分大，为大西洋海岸的重要渔获物之一，在台湾地区以食用抱卵的雌鱼为主，几乎都是以油炸的方式制作。

黄尾舒的体色在侧线以上为银青灰色，越接近背部顶端，颜色越深，侧线以下至腹部颜色逐渐变成银白色，除了尾鳍为黄色以外，其他的鱼鳍大多为淡黄色。其体形长且略为侧扁，身体横切面约呈椭圆形，背缘曲线几近平直，头长且吻端尖，口大，口裂长且明显，眼大，下颌比上颌突出。身体鳞面属于小型圆鳞，侧线完整且平直。具有两个距离甚远的背鳍，两个背鳍皆十分短小，腹鳍约位于第一背鳍正下方，臀鳍位于第二背鳍的正下方，胸鳍短，尾鳍外形为深叉形。

黄尾舒 *Sphyraena flavicauda*

■**别称**：竹操鱼、针梭、竹梭、黄尾金梭鱼、尖梭
■**外文名称**：Barracuda, Sea-pike

在台湾地区俗称"尖梭"的鱼在分类上属于鲭亚目（Scombroidei），舒科（Sphyraenidae），舒属（*Sphyraena*）。尖梭在台湾共有8种，而黄尾舒是最常见的种类之一，黄尾舒是在1838年由Ruppell所命名发表。本文介绍的黄尾舒具有尖梭最典型的外形，也是台湾地区十分常见的种类。

台湾地区四周海域皆有尖梭的分布，喜欢栖息于广阔水域，如大洋区、近海海域、岩礁区、潟湖甚至河口也可常见到，属于中表层鱼类，喜欢聚集成小群体一起活动，有些种类特别喜欢群栖，甚至会有上千只的尖梭聚集在一起群游的壮观景象。幼鱼常在河口被发现，食性为肉食性，其游速快，以追捕其他鱼类为食。

尖梭是很美味的海鲜鱼类，也是休闲渔业的主角，台湾地区每年有不少潜水爱好者为了目睹成群的尖梭而外出潜水拍照，因为台湾地区的海域较少出现上千尖梭群游的景象。不过在2004年2月初，垦丁公园的海域就出现了上千只的尖梭群，其中以布氏尖梭最多，相关单位指出这是20年来台湾首次出现这么大群的尖梭鱼群。

尖梭在台湾地区海域聚集的数量虽然较少，但一直十分稳定，全年皆可捕获，盛产期集中于夏季至秋季，大多以定置网、流刺网或拖曳钓捕抓，同时喜爱船钓的钓友也以尖梭为目标鱼种之一，海钓尖梭的季节以7月至9月较多。尖梭的烹饪方式以油煎、红烧和熏烤为主，也很适合用来煮汤。

秋刀鱼 *Cololabis saira*

■别称：山玛鱼

■外文名称：Pacific Saury,Saurypike,Mackerel-pike,Skipper(美国加州、英国),
Balaou du japon(法国),Paparda del Pacifico(西班牙)

　　秋刀鱼在鱼类分类上属于颌针鱼目（Beloniformes），秋刀鱼科（Scomberesocidae），秋刀鱼属（*Cololabis*），本种在1856年由Brevoort所命名发表。

　　秋刀鱼这个名字，事实上是源自日本的汉字，大家习惯沿用至今。也有人称呼它为"山玛鱼"，乃是直接音译自日文的发音。秋刀鱼是很普遍且大众化的食用鱼类，在台湾地区一年到头都可吃到。属于海洋性鱼类，冬末春初在日本海南方产卵，夏季则向日本北海道及千岛外洋移动，秋刀鱼主要以浮游性甲壳类为食。日本捕捉秋刀鱼的历史十分悠久，已长达300年之久，而台湾地区的秋刀鱼渔业于1977年才开始。

　　秋刀鱼的脂肪含量相当高，鲜嫩味美，尤其是内脏苦中带甘更属佳品。挑选秋刀鱼时要注意，鱼肚完整不要有破裂，否则鲜度较差；尾鳍及吻端是黄色的话，表示其脂质佳；另外鳞片多、鱼体颜色鲜亮，表示鱼很新鲜。

　　秋刀鱼的烹饪方法以盐烧最为普遍，鱼解冻后，将少许细盐抹在鱼体上，放置10分钟后，用火烤熟，上桌前挤柠檬汁，淋在鱼上，不仅香味佳，口感更棒，是下饭、佐酒的佳肴，尤其是一口酒、一箸鱼肉，细嚼慢饮，令人难以忘怀。用少许油煎秋刀鱼味道亦好，此外秋刀鱼煮面线和米粉是点心及宵夜的最佳食品。

▲

秋刀鱼的体形修长如梭而略为侧扁，吻端尖，下颌比上颌长，背部几乎平直。背鳍与臀鳍后方皆具有离鳍，胸鳍小，尾鳍形状为深叉形。身体背部的颜色为青黑色，腹部颜色为银白色。

杜氏棱鳀 *Thryssa dussumieri*

■ 别称：凸鼻仔

■ 外文名称：Dussumier's Anchovy, Dussumier's Thryssa

杜氏棱鳀在鱼类分类上属于鲱亚目（Clupeoidei），鳀科（Engraulidae），棱鳀属（*Thryssa*），本种在1848年由Valenciennes所命名发表。

杜氏棱鳀几乎只分布于台湾地区的西部沿海海域以及澎湖周围海域，常成群在河口或靠近岸边的海域活动，栖息水层以表水层为主。食性为肉食性，以海中的浮游生物和悬浮的有机物为食。

台湾地区全年皆可捕获杜氏棱鳀，虽然产量高，但市场上却不多见，捕获的方式以流刺网、底拖网及焚寄网为主，因体形瘦小，食用价值较低，因此所捕获的杜氏棱鳀大多是加工制成鱼干或当成饲料的原料出售，在市场上也有贩卖，一般家庭的烹饪方式以油炸为主。

▲

杜氏棱鳀的体形为侧扁，吻端钝圆，鼻头较突出些，口大，口裂倾斜，覆盖身体的鳞片属于易脱落的中大圆鳞，腹鳍前后皆有锐利的棱鳞，体侧不具有侧线。单一背鳍，背鳍位于身体中央位置，背鳍前方具有一根独立的硬棘，虽属于背鳍的一部分，但无鳍膜与其他鳍条相连接，臀鳍基部长，前端的鳍条较后端长，尾鳍形状为叉形。体色为银白色，背部颜色较深，呈银灰色，腹鳍与臀鳍颜色为半透明，胸鳍、背鳍以及尾鳍的颜色为浅黄色。

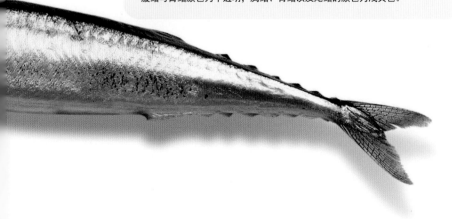

口周围有三对须

斑海鲇的体形稍长，头部平斜呈上下扁平，后半部的体形为长形且侧扁，口的开口朝下，上颌比下颌突出，口周围具有三对须，吻端的须是最长且最粗的。体表没有鳞片，皮肤多黏液且光滑，背鳍单一，背鳍具有一根坚硬的棘，其余的鳍条皆为软条，背鳍后方靠近尾柄处具有一个小脂鳍，臀鳍位于脂鳍正下方的位置，腹鳍大位于腹面，胸鳍大且具有一根坚硬的硬棘，尾鳍形状为深叉形。身体颜色为银灰白色，背部颜色较深呈蓝褐色，腹部颜色为银白色。

斑海鲇 *Arius maculatus*

■别称：成仔鱼

■外文名称：Spotted Catfish(美国加州),Sea Catfish

　　斑海鲇在鱼类分类上属于鲇形目（Siluriformes），海鲇科（Ariidae），海鲇属（*Arius*），本种在1792年由Thunberg所命名发表。

　　斑海鲇在台湾地区除了东部海域外皆有分布，喜欢栖息于具有沙泥底质的海域，为夜行性底栖性鱼类，栖息范围包括河川的下游河段、河口以及具有沙泥底质的沿岸海域，经常出现在河口，大多单独活动，偶尔会聚集成小群体一起活动。背鳍以及胸鳍上具有尖锐的硬棘，硬棘可分

泌毒液，以防御掠食者的攻击。

　　斑海鲇在西部以及南部的市场较常见，但因肉质腥味重，因此并不受欢迎，捕捞方式以流刺网、延绳钓以及底拖网为主，不是作业船只的主要渔获物，盛产期约在春夏两季。由于斑海鲇的肉质腥味重，因此烹饪方式只适合与其他调味料一起炖煮，也可用中药材一起做药炖斑海鲇。处理斑海鲇时，需要特别留意鱼鳍上的硬棘，锐利的硬棘具有毒素，千万不要被刺伤。

Red

A MARKET GUIDE TO FISHES & OTHERS

【红色鱼族】

非鲫（红色） *Tilapia* sp.

■ 别称：台湾鲷（台湾改良种）、红色尼罗鱼、姬鲷、红吴郭鱼、滨鲷、尼罗鱼
■ 外文名称：Red Mouthbreeder, Red Tilapia

　　红色非鲫是由非鲫突变而来，因此其分类与一般的非鲫一样，都属于隆头鱼亚目（Labroidei），丽鱼科（Cichlidae），红色非鲫几乎都是非鲫属（*Tilapia*）。

　　红色非鲫是由岛外引进的非鲫突变而来，非鲫可在淡海水环境下存活，对环境的适应力非常强，河川、湖泊甚至都市的排水沟都有非鲫的踪迹。非鲫经研究单位的研究与培育，将其特殊的体色固定下来，水产试验所鹿港分所所长郭河先生在1968年由台南养殖户的池中发现红色非鲫后，他继续研究及培育更稳定的红色非鲫，不过这种突变种的体色并不是很稳定，繁殖的后代中往往会出现黑色斑点，

经研究改良，培育出几乎无黑斑的后代比例越来越高了。

　　红色非鲫刚问世时，中部的养殖户曾以"淡水赤鲸"或"淡水嘉鲯"等名称来推广贩售，市场有不错的反应，销往日本时也有不错的成绩，后来为了提升红色非鲫的知名度，在市场上红色非鲫也曾以"姬鲷"的名称贩售。红色非鲫在市场上大多以冷冻生鲜鱼或鱼排贩售，较少以活鱼方式出售，台湾地区大多数养殖的红色非鲫也以加工制成鱼排外销到岛外的方式较多。红色非鲫的烹饪以油煎为主，也可以盐烧的方式烹饪。

红色非鲫的体形为侧扁的椭圆形，背缘呈弧形，吻端钝且唇厚，有些品系的非鲫甚至嘴唇会明显翘起。身体的鳞片属于栉鳞，鳞片大，侧线完整且平直。单一背鳍，背鳍基部长，硬棘部与软条部之间无下凹，背鳍末端鳍条延长，臀鳍外观与背鳍的软条部相似，胸鳍与腹鳍略长，尾鳍形状为截形。体色皆为橙红色，因其为突变种，因此有些个体颜色较不稳定，有的还会出现黑斑。

盲鳗的体形为长筒形，体表不具有鳞片与对鳍，口部无上下颌，外形为孔状且周围有须，口有可外翻的舌齿，外鼻孔位于吻端，眼睛退化隐藏于表皮之下，因此外表看不见眼睛，因而有盲鳗之称。身体两侧靠近腹面的体侧有两列黏液孔，能在体表分泌大量的黏液。

盲鳗

■别称：鳗背、龙筋、青眠鳗、无目鳗　　■外文名称：Inshore Hagfish

盲鳗在分类上皆属于盲鳗科（Myxinidae），分布在台湾地区的盲鳗有2属8种，这8种渔民皆以盲鳗称之。

盲鳗大多为深海底栖性鱼类，只有少部分栖息在浅海，食性为肉食或腐食性，除了会以鱼类、蠕虫和软体动物为食以外，也特别喜欢吃已死亡的鱼类尸体，可以说是深海的清道夫，专门负责清理鱼类尸体，而栖息在浅海的盲鳗有时也会攻击刚被渔网捕获或钓获的鱼类。盲鳗为雌雄异体，成长时没有变态的过程。

早期捕获的盲鳗常被当作无经济价值的下杂鱼，无人食用，最近才开始有人食用盲鳗，也发现了它的美味之处。盲鳗的捕获方式以深海底拖网为主，所以只要是以深海底拖网作业为主的渔港皆可发现盲鳗的踪迹，在宜兰大溪渔港的下杂鱼堆内就可发现很多体形小的盲鳗，而体形大的无目鳗皆已被渔民挑选起来贩卖。对于出海作业的渔船来说，盲鳗不是主要的渔获物，而全台湾几乎只有东港有专门捕捞盲鳗的渔船在作业，因此盲鳗可说是东港的特产之一。

盲鳗在食用前必须先经过剥皮处理，再将体内的内脏清除洗净，然后把头部切除，在南部的渔港大多是先经过此程序处理后才在市场上贩卖。

盲鳗在日本原本就是食用鱼之一，在台湾地区则是近几年来才开始拿来食用，而盲鳗除了吃以外还有一个用途，盲鳗的皮可加工成皮革，以制造皮包或皮带。盲鳗因其肉质十分坚韧，烹饪后咬劲十足，因此又被称为"龙筋"，龙筋在东港可说是一道当地的特产美食，其烹饪方式以辣炒九层塔为主，另外还有盐酥盲鳗、清烫盲鳗等。

头小，吻端钝圆且短，
口裂倾斜，眼大

印度棘赤刀鱼的体形侧扁，呈带状，身体后半部逐渐变得尖细，背缘平直，腹缘呈一斜面，身体覆盖的鳞片属于圆鳞，鳞片细小。背鳍基部十分长，由头部与躯干部的交界处开始延伸，至尾部与尾鳍相连接，臀鳍基部长度与背鳍相同，臀鳍的外观与长度都几乎与背鳍相同，臀鳍最后与尾鳍连接。身体颜色为橘红色，背部的颜色较深，体侧具有橘黄色横带，鱼鳍的颜色皆与身体体色相连接，背鳍前端具有一个大黑斑。

尾鳍退化成尖形，
背鳍与臀鳍最后在尾
端是连接在一起的

印度棘赤刀鱼 *Acanthocepola indica*

■别称：红连鱼、红连仔　　■外文名称：Bandfish

　　印度棘赤刀鱼在鱼类分类上属于鲈亚目（Percoidei），赤刀鱼科（Cepolidae），棘赤刀鱼属（*Acanthocepola*），本种在1888年由Day所命名发表。

　　印度棘赤刀鱼在台湾地区主要分布于澎湖海域，喜欢栖息于具有沙泥底质的深海，有时会出现在较浅的浅海，属于底栖性鱼类，有挖掘洞穴的习性，平时大多栖息于所掘的洞穴中，以头上尾下的方式，在洞穴附近觅食，很少离开自己的洞穴。食性为肉食性，以小型鱼类以及甲壳类为食。

　　印度棘赤刀鱼的体形小，在台湾常被底拖网捕获，产量不多也不稳定，经济价值不高，被捕获的印度棘赤刀鱼因经济价值不高，因此大多以下杂鱼的方式处理。

白缘侧牙鲈的体形为侧扁的长椭圆形，头部略长，吻端钝，口大，口裂倾斜，眼睛十分接近于头部顶缘。身体鳞片属于细小的栉鳞，具有完整的侧线。背鳍单一且基部长，背鳍前三分之二为硬棘，后三分之一为软鳍，硬棘部与软棘部之间无下凹，臀鳍与腹鳍的末端较尖，胸鳍外形为圆形，尾鳍形状呈弯月形，各鱼鳍的末端尖且延伸呈丝状。身体颜色为深红色，身体两侧都有白点分布，尾鳍末端内凹处镶有白色细边。

白缘侧牙鲈 *Variola albimarginata*

■ **别称**：过鱼、石斑、朱鲙、白缘星鲙、红石斑
■ **外文名称**：Whitemargin Lyretail Grouper, Moontail Seabass, Lunar-tailed Grouper

白缘侧牙鲈在鱼类分类上属于鲈亚目（Percoidei），鮨科（Serranidae），侧牙鲈属（*Variola*），本种在1953年由Baissac所命名发表。

白缘侧牙鲈俗称"红石斑"，在台湾地区的珊瑚礁海域皆有分布，但主要分布于东部、西部、南部以及外岛的周围海域，喜欢水质干净的水域，且多半在有岩礁的沿海海域或珊瑚礁海域出没，白天在岩礁或珊瑚礁周围觅食。食性为肉食性，生性凶猛贪食，以小型鱼类和甲壳类为食。白缘侧牙鲈与其他石斑一样具有变性的特性，属于先雌后雄的鱼类，雌鱼会随着成长而逐渐转变为雄鱼，雄鱼的体形都是最大的。

白缘侧牙鲈属于高级的海鲜鱼类，烹饪食用前最好将内脏清除干净，台湾捕捞白缘侧牙鲈的方式有一支钓、手钓或设陷阱，甚至有潜水员潜水时捕抓，不只具有食用价值，也有观赏价值。白缘侧牙鲈的烹饪方式以清蒸最佳。

青星九棘鲈 *Cephalopholis miniata*

■别称：过鱼、红鲙、红条、红格、仔石斑、七星斑

■外文名称：Vermillion Seabass（美国加州）,Blue-spotted Vermitlion Fish,
Vermillion Coral Cod(泰国),Coral Trout(澳大利亚、新西兰),
Blue-spotted Rock Cod,Garrupa(南非)

青星九棘鲈俗称七星斑，在鱼类分类上属于鲈亚目（Percoidei），鮨科（Serranidae），九棘鲈属（*Cephalopholis*），本种在1775年由Forsskal所发表。

青星九棘鲈分布于印度洋至太平洋的海域，在台湾地区则是沿海都有分布，包括澎湖、兰屿、小琉球以及绿岛，喜欢栖息于水深约2至150米，具有礁岩且水质清澈的环境，因此在岩岸较多见。食性为肉食性，常在早晨或傍晚时觅食，以小型鱼类及甲壳类为食，同种之间有蚕食的习性，在幼鱼期蚕食现象特别明显。青星九棘鲈喜欢单独活动，不喜群居，白天在岩礁旁活动，晚上则会藏于岩缝或岩洞内休息，至繁殖期时才会一起活动。与其他石斑一样具有性转变的特性，属于先雌后雄的鱼类，雌鱼会随着成长而逐渐转变为雄鱼，雄鱼的体形都是最大的，在繁殖时由一只雄鱼与2至12只体形较小的雌鱼组成群体。

台湾地区目前所见的青星九棘鲈大多是野生捕抓的，不过因为目前野生的数量不多，因此市面上贩售的大多由东南亚进口。因青星九棘鲈栖息于礁岩区或珊瑚礁，又喜欢独居，因此捕抓方式只能以钓获或夜间潜水捕抓或以鱼枪猎杀，于是成为钓客最喜爱钓获的鱼种之一。在台湾为高级的海鲜，因市场价格很高，因此在海鲜店或渔港内的鱼市场内较易找到青星九棘鲈。青星九棘鲈的幼鱼具有鲜艳的体色，也是很受欢迎的海水观赏鱼之一。青星九棘鲈在台湾地区的烹饪方式以红烧和清蒸为主。

体表分布着淡蓝灰色小斑点 ——

脸部有明显的蓝紫色横纹

市场上普遍出现的"红条",学名为点线鳃棘鲈
(*Plectropomus oligacanthus*),鱼上有明显的蓝紫色横
纹,原产于所罗门群岛附近的海域,应该是进口的鱼类
之一。也有人称"七星斑"为"红条",两种鱼在名称上
很容易混为一谈。

青星九棘鲈的体形为侧扁的长椭圆形,口大,下颌较突出而且上颌可向前伸出,
头的长度约等于体高,口内有很多尖锐的齿。前鳃盖骨的后缘具有不明显的细
锯齿,鳞片为细小的栉鳞,侧线鳞片的孔数约47~54个。身体颜色为橘红色或
红褐色,体表分布着暗色边缘的淡蓝灰色小斑点,幼鱼时斑点十分显眼。背鳍
高度不高,具有硬棘,臀鳍也具有硬棘,尾鳍形状为圆形,胸鳍形状宽大,呈
椭圆形,颜色比身体颜色亮,大多呈橘黄色,背鳍后半段软条部分、尾鳍以及
臀鳍边缘都镶有蓝色的边。

指印石斑鱼 *Epinephelus quoyanus*

■别称：石斑、过鱼　　■外文名称：Long-finned Rockcod

指印石斑鱼在鱼类分类上属于鲈亚目（Percoidei），鮨科（Serranidae），石斑鱼属（*Epinephelus*），本种在1830年由Valenciennes所命名发表。

指印石斑鱼大多分布在台湾的西部沿海与外岛周围的海域，喜欢单独活动，不喜群居，晚上在岩礁旁活动，白天则会藏于岩缝或岩洞内休息，生性凶猛贪食。指印石斑鱼通常只有在繁殖期时才会一起活动，具有变性的特性，属于先雌后雄的鱼类。食性为肉食性，常在早晨或傍晚时觅食，以小型鱼类及甲壳类为食。

指印石斑鱼的经济价值非常高，属于高级的食用海产鱼类，捕抓方式有底拖网、钓获、夜间潜水捕抓或以鱼枪猎杀，

指印石斑鱼也是钓客最喜爱钓的鱼种之一。新鲜石斑以清蒸或红烧最能突显出其美味，其他以石斑为食材的有名菜肴，包括沙茶石斑肚、蚝油葱丝石斑、三杯石斑肚、石斑海鲜鱼锅、如意香葱石斑等。

鱼体全身布满紧密的红褐色圆点

鮨科石斑的一种

指印石斑鱼的体形为侧扁的长椭圆形，吻端至背鳍基部略为倾斜且较平直，腹缘较平直，吻端钝，口大且唇厚，口裂倾斜。鳃盖后方具有扁棘，身体鳞片属于细小的栉鳞，具有完整的侧线。背鳍单一且基部长，背鳍前三分之二为硬棘，后三分之一为软鳍，硬棘部与软棘部之间无下凹，臀鳍圆，位置位于肛门后方，胸鳍外形呈圆形，尾鳍形状为截形。鱼体全身几乎布满紧密的红褐色圆点，因斑点十分紧密，而使红褐斑点之间的底色呈网状花纹。指印石斑鱼易与网纹石斑搞混，因两者外形及花纹皆十分相似，两者的差异可由胸鳍看出，指印石斑鱼胸鳍的黑斑不明显，甚至看不到黑斑，且胸鳍基部有两条细纹，而网纹石斑的胸鳍与身体一样布满深色的小圆点。

赫氏无鳔鲉 *Helicolenus hilgendorfi*

■别称：深海石狗公、红虎鱼、虎格　　■外文名称：Stonefish

赫氏无鳔鲉在鱼类分类上属于鲉亚目（Scorpaenoidei），鲉科（Scorpaen-idae），无鳔鲉属（*Helicolenus*），本种在1884年由Doderlein所命名发表。台湾地区无鳔鲉属的鱼类只有赫氏无鳔鲉这一种。

台湾只有北部海域有赫氏无鳔鲉的分布，属于底栖性鱼类，喜欢单独栖息于岩礁区。食性为肉食性，常会停在海底，静待猎物经过而加以捕食。

赫氏无鳔鲉在北部沿海岩礁区十分普遍易见，全年皆可捕获，捕获方式以延绳钓以及底拖网为主，也是船钓或矶钓常钓获的鱼种，属于高级的海鲜，肉质带有甜味，细嫩且味美，最适合用来煮鱼汤。将赫氏无鳔鲉的鱼肉切块煮火锅是最地道的烹饪方式，此外盐烧也能表现出赫氏无鳔鲉的美味。而体形较小的赫氏无鳔鲉，将内脏清理干净后与芥菜、豆腐及咸蛋一起熬煮，味道鲜美，更有解酒与缓解宿醉的功效。

赫氏无鳔鲉的体形为侧扁的长椭圆形，头背缘呈弧形，眼大且两眼间隔近。下颌与腹缘略为平直，口张开后甚大，口裂微斜，上颌比下颌长些。单一背鳍，背鳍硬棘十分发达，背鳍的硬棘与软棘的交接处有明显的落差，尾鳍形状为截形。

胸鳍外形近于圆形

眼大且两眼间隔近

赫氏无鳔鲉的胸鳍外形近于圆形，体色为红褐色或淡红色，背部两侧具有不明显的白色斑纹。

大头海鲉（*Pontinus macrocephalus*）
亦为鲉科鱼类，外形与赫氏无鳔鲉颇类似。

伊豆鲉 *Scorpaena izensis*

■别称：笠仔鱼、红色石狗公、络鳃鲉、裸胸鲉、石狗公仔鱼
■外文名称：Rockfish,Stonefish

台湾地区俗称的"石狗公"在鱼类分类上属于鲉亚目（Scorpaenoidei），鲉科（Scorpaenidae），本篇介绍的是其中的"伊豆鲉"，本种在1904年由Jordan与Stark共同命名发表。

台湾四周海域皆有石狗公分布，其中台湾北部沿海海域的产量较多。石狗公的外形十分像石头，具有伪装的功能，在海底可避免被掠食者捕食，也可静待不知情的猎物经过而加以捕食。喜欢单独栖息于岩礁区，属于底栖性鱼类，栖息于近海沿岸的浅礁区或较深的海床，食性为肉食性，硬棘的基部具毒腺，以底栖生物和小型鱼类为食，繁殖季节约在秋冬，属于卵胎生鱼类。

市场上常将鲉科的鱼类统称为石狗公，而伊豆鲉是非常常见的一种石狗公鱼，其外形正是鲉科鱼类的典型代表。石狗公在沿海岩礁区十分普遍易见，全年皆可捕获，捕获方式以延绳钓以及底拖网为主，也是船钓或矶钓常钓获的鱼种，春天是钓友在东北部最易钓获石狗公的季节，不过因其硬棘具有毒腺，因此徒手抓拿时必须特别小心，以免被硬棘刺伤。一般栖息于浅海的石狗公颜色较暗，栖息于深海的石狗公颜色鲜红，在市场上贩卖的石狗公，如果体色鲜红，两眼突出，腹部膨大，那大多是深海所捕获的石狗公，因为捕获时由于压力剧减的关系，使鱼的眼睛及腹部会膨大或突出。

虽然在某些产地石狗公数量较多，但它仍属于高级的海鲜，肉质带有甜味，细嫩且味美，最适合拿来煮鱼汤，另外新鲜的石狗公也可做成生鱼片食用。

伊豆鲉的体形为侧扁的长椭圆形，单一背鳍，背鳍硬棘十分发达，背鳍的硬棘与软鳍的交接处稍微内凹，胸鳍外形近于圆形，尾鳍形状为楔形。身体颜色以淡红色为主，随着栖息深度的加深，颜色也会跟着加深，而腹部颜色为淡黄色，各鱼鳍的颜色大多与身体颜色相近。

背鳍的硬棘十分发达———————

伊豆鲉的眼大且两眼间隔近，口张开后甚大，口裂微斜，上颌比下颌长些，胸鳍有明显的暗色斑点。

眼大

伊豆鲉的营养价值

根据台湾卫生机构的营养成分分析，每100克的伊豆鲉含有的成分如下：热量80kcal，水分81.1克，粗蛋白18.3克，粗脂肪0.2克，灰分1.1克，胆固醇54毫克，维生素B_1 0.08毫克，维生素B_6 0.13毫克，维生素B_{12} 0.86毫克，烟碱素2.34毫克，钠67毫克，钾330毫克，钙26毫克，镁30毫克，磷210毫克，铁0.2毫克，锌0.4毫克。

小眼绿鳍鱼 *Chelidonichthys spinosus*

■别称：角仔鱼、黑角鱼、角鱼　　■外文名称：Gurnard

台湾地区俗称的"角鱼"系指鲂鮄科（Triglidae）鱼类的统称，台湾共有7个属15种的角鱼，在鱼类分类上属于鲉亚目（Scorpaenoidei），鲂鮄科（Triglidae），本文介绍的小眼绿鳍鱼属于较常见的种类之一，是在1829年由Cuvier所命名发表。

小眼绿鳍鱼喜欢栖息于具有沙泥底质的海域，栖息水深颇深，属于底栖性鱼类，胸鳍基部下方3根看似脚的鳍条可不是用来在海底走路的，小眼绿鳍鱼利用那几根特化的鳍条来探索躲藏在沙泥底下的食物，在移动时几乎是紧贴在海底底层的

上方。食性为肉食性，以底栖的无脊椎动物为食。

小眼绿鳍鱼在市场上并不多见，在台湾捕获小眼绿鳍鱼的方式以底拖网为主，产量最多的是在东北部，但小眼绿鳍鱼在澎湖较常见，尤其是在以底拖网渔业为主的港口最常见，在4月至8月间产量最多。小眼绿鳍鱼的经济价值低，人们较少食用，大多数捕获的小眼绿鳍鱼都当成下杂鱼处理。

小眼绿鳍鱼有两个背鳍，第一背鳍皆由硬棘构成，第二背鳍基部长，而且皆由软条构成。胸鳍既长且大，撑开时很像长了翅膀，胸鳍的基部具有3条明显且较粗的鳍条，胸鳍下的鳍条乍看之下好像鱼长出了脚，十分特别。

胸鳍内侧为深蓝绿色

小眼绿鳍鱼的体形十分特殊且怪异，体形略长，头部宽大，靠近吻端处略为扁平，头部坚硬，感觉是由硬板所构成，腹鳍基部长，尾鳍形状为楔形。体色为红褐色，胸鳍内侧的颜色为深蓝绿色。

胸鳍下的鳍条乍看之下好像脚

小眼绿鳍鱼的腹部颜色为白色，由腹面可清楚看到胸鳍下的鳍条。

黄牙鲷 *Dentex tumifrons*

■别称：赤章、赤鲸

■外文名称：Yellowback Seabream(美国加州) ,Yellow Porgy,Snapper, Dog's Tooth

黄牙鲷在鱼类分类上属于鲈亚目（Percoidei），鲷科（Sparidae），牙鲷属（*Dentex*），本种在1843年由Temminck与Schlegel所共同命名发表。

台湾地区四周海域皆有黄牙鲷的分布，喜欢栖息于具有沙泥底质的沿岸海域，属于中下水层的鱼类，夏季在浅水区活动，冬季水温低，因此大多迁移至较深的海域。食性为肉食性，以小鱼、小虾和底栖生物为食，产卵期约在6至7月以及10至11月，卵为浮性卵。

黄牙鲷为高经济价值的鱼类，市面上的渔获来源有野生捕获以及人工养殖两种，野生的黄牙鲷全年都可捕获，6至7月为其盛产期，捕捞方式以延绳钓和手钓为主。而黄牙鲷也是海水养殖的鱼种之一，目前养殖技术纯熟，已能稳定地供应鱼苗，而且其养殖也十分容易，使黄牙鲷这种美味的海鲜得以稳定供应市场的需求。黄牙鲷的烹饪方式以炭烤、油煎和清蒸为主。

背鳍的硬棘十分发达

黄牙鲷的体形为侧扁的椭圆形，体稍高，背缘隆起为弧形，吻端钝。身体的鳞片为薄的栉鳞，背鳍与臀鳍的基部具鳞鞘，侧线完整且几乎与背缘平行。只有一个背鳍，背鳍基部略长且具有硬棘，臀鳍基部短且外形与背鳍后半段相似，胸鳍长，尾鳍形状为叉形。身体颜色为带有银色光泽的红色，越接近腹部颜色越淡，腹部颜色为白色，背侧两边各具有3个不显眼的黄色斑点，胸鳍颜色为黄色，其余的鱼鳍颜色皆为橘红色。

长棘犁齿鲷的体形为侧扁的卵圆形，背缘呈圆弧形，腹缘钝，略呈弧形，吻端钝，眼大。身体覆盖的鳞片属于栉鳞，侧线完整，侧线走向呈弧形且在尾柄处会明显下凹。单一背鳍，背鳍的第1及第2硬棘十分短小，背鳍的第3及第4硬棘延长成线状，是长棘犁齿鲷的最大特征，臀鳍外形与背鳍末端相似，尾鳍形状为叉形。

背鳍的硬棘延长呈线状

长棘犁齿鲷 *Evynnis cardinalis*

■ 别称：盘仔鱼、鈑鲷

■ 外文名称：Cardinal Seabream(美国加州), Threadfin Porgy

长棘犁齿鲷在鱼类分类上属于鲈亚目（Percoidei），鲷科（Sparidae），犁齿鲷属（*Evynnis*），本种在1802年由Lacepède所命名发表。

长棘犁齿鲷在台湾主要分布于西部以及北部的海域，大多栖息于沿海海域，属于底栖性鱼类，十分喜爱岩礁区周围的沙泥底质环境。长棘犁齿鲷有季节洄游的习性，每年3月由南往北移动，在6月左右到达台湾北部，7月后再度往南移动。鱼

的年龄与水深成正比，一般体形较大的成鱼大多栖息于较深的海域。食性为肉食性，以小型鱼类、甲壳类以及无脊椎动物为食。

台湾地区全年皆可捕获长棘犁齿鲷，其捕获的方式以底拖网及延绳钓为主。长棘犁齿鲷因肉多且肉质细嫩，因此十分受大众喜爱，在市场上也是十分常见的食用海鲜。长棘犁齿鲷的烹饪方式以炭烤、油煎及清蒸等为主。

马拉巴笛鲷的体形为稍侧扁的长椭圆形，头缘与背缘的曲线为平顺的弧形，由下颌至腹部的曲线较平直，眼睛十分靠近头部上缘，上下颌几乎等长。身体的鳞片属于中大型的栉鳞，具有完整的侧线，侧线走向几乎与背缘平行。单一背鳍，背鳍基部长，末端圆钝，背鳍硬棘部与软条部之间无明显的下凹，背鳍与臀鳍皆有硬棘，胸鳍长，尾鳍形状呈微凹的截形。身体颜色皆为红色。

马拉巴笛鲷 *Lutjanus malabaricus*

■别称：赤海、赤笔

■外文名称：Malabar Red Snapper(美国加州、印度尼西亚), Merah(马来西亚)
Scarlet Sea-perch(澳大利亚、新西兰), Ruby Snapper(泰国)

　　马拉巴笛鲷在鱼类分类上属于鲈亚目（Percoidei），笛鲷科（Lutjanidae），笛鲷属（*Lutjanus*），本种在1801年由Bloch与Schneider所共同命名发表。

　　"赤笔"是台湾地区对数种体形相似的笛鲷科鱼类的统称，本文以马拉巴笛鲷为代表。

　　马拉巴笛鲷在台湾主要分布于西部沿海以及澎湖周围海域，喜欢栖息于沿岸海域或是礁岩区，成鱼的栖息水深较深，幼鱼大多在沿岸或沿海海域活动。食性为肉食性，以底栖生物和小型鱼类为食，捕获的方式以底拖网为主。马拉巴笛鲷的烹饪方式以油煎和红烧为主。

背鳍的硬棘十分发达

赤鳍笛鲷
Lutjanus erythropterus

■ 别称：红鸡仔、红鳍笛鲷、红鱼
■ 外文名称：Crimson Snapper,Saddle-tailed,
　Sea-perch,Red Bream,Pink Snapper

赤鳍笛鲷的体形为稍侧扁的长椭圆形，背部曲线稍呈弧形，由下颌至腹部的曲线较平直，眼睛十分靠近头部上缘，上下颌几乎等长。身体的鳞片属于中大型的栉鳞，具有完整的侧线，侧线走向几乎与背缘平行。单一个背鳍，背鳍基部长，末端圆钝，背鳍硬棘部与软条部之间有下凹，背鳍与臀鳍皆有硬棘，胸鳍长，尾鳍形状呈叉形。其身体颜色为红色或粉红色，而幼鱼在尾柄上会有黑色鞍状斑。

　　赤鳍笛鲷在鱼类分类上属于鲈亚目（Percoidei），笛鲷科（Lutjanidae），笛鲷属（*Lutjanus*），本种在1790年由Bloch所命名发表。

　　台湾四周的海域皆有赤鳍笛鲷分布，其中以东部海域较少见，喜欢栖息的环境广阔，包括岩礁区、沙泥底质的沿海海域、潟湖、内湾，有时甚至会进入盐分十分低的河口或河川下游，属于广温广盐性鱼类，对盐度及温度的适应力非常强。

　　赤鳍笛鲷是台湾地区养殖的笛鲷科鱼类之一，养殖场大多集中于中南部地区，市场上所见的赤鳍笛鲷也大多是人工养殖

的，人工养殖的赤鳍笛鲷不只供应市场的需求，也供给海钓池供人垂钓。目前还是可以购买到野生捕获的赤鳍笛鲷，野生赤鳍笛鲷的渔获方式有一支钓、延绳钓等，野生的赤鳍笛鲷也是海钓客最喜欢的目标鱼种之一。

　　赤鳍笛鲷在台湾地区和其他太平洋沿海区域，都是非常重要的食用鱼之一，其肉质鲜美，肉多、细骨少，非常受消费者的喜爱。赤鳍笛鲷的烹饪方式十分简便且多变，各种方式皆十分适合，体形较大的鱼甚至可以一鱼三吃。

深水金线鱼的体形为侧扁的纺锤形，头部与背缘呈一完整的曲线，吻端钝圆，眼略大，口裂微微倾斜。覆盖身体的鳞片属于栉鳞，鳞片中大，侧线完整且走向呈弧形，侧线几乎与背缘平行。单一个背鳍，背鳍基部长且硬棘部与软条部之间无下凹，臀鳍外形与软条部相似，胸鳍及腹鳍略长，尾鳍形状为叉形，上下尾叶末端尖细，尤其上尾叶的末端延伸成丝状，此为深水金线鱼的重要特征。背部颜色为桃红色，背部至腹部的颜色逐渐变成银白色，体侧具有两条明显的黄色纵带，另有一条黄色纵带由下颌经过腹缘至尾鳍基部。背鳍颜色比身体颜色淡些，背鳍上分布不明显的黄色斑点，尾鳍颜色为粉红色，尾叶尖端延伸处为黄色，胸鳍、腹鳍以及臀鳍的颜色皆为半透明。

▼

上尾叶末端
延伸成丝状

深水金线鱼　*Nemipterus bathybius*

■ **别称**：红海鲫仔、金线连鱼

■ **外文名称**：Yellowbelly Threadfin Bream(美国加州),Butterfly-bream(澳大利亚、新西兰), Yellow Belly,Yellow-bellied Threadfin-bream,Bottom Threadfin Bream

深水金线鱼在鱼类分类上属于鲈亚目（Percoidei），金线鱼科（Nemipteridae），金线鱼属（*Nemipterus*），本种在1911年由Snyder所命名发表。

台湾地区四周海域皆有深水金线鱼的分布，北部十分少见，栖息水深颇深，喜欢栖息于具有沙泥底质的海域，因此被称为深水金线鱼，有时也可在沿岸的海域发现。食性为肉食性，以较小的鱼类和无脊椎动物为食。

在台湾地区全年皆可捕获深水金线鱼，捕获的方式以底拖网及延绳钓为主。鱼肉十分细嫩，烹饪方式以油煎或清蒸的方式最适合。

金线鱼的体形呈流线型的纺锤形，体侧扁，身体鳞片为大的栉鳞，腹鳍较长，几乎达到臀鳍的起点，尾形为深叉形，上下尾叶末端呈尖形，上尾叶延伸成丝状，为金线鱼最大特征之一。金线鱼的体侧上半部为鲜红色，包括头部上方及背部，而越接近腹部颜色会逐渐变淡，腹部的颜色为银白色，体侧上具有数道金黄色的纵带，也因为这个特征而有"金线鱼"之称，背鳍、臀鳍以及尾鳍的颜色皆为淡粉红色。

体侧有数道金黄色纵带

金线鱼 *Nemipterus virgatus*

■**别称：** 金线鲢

■**外文名称：** Golden Threadfin Bream(美国加州),Butterfly-bream(澳大利亚、新西兰),
Cohana dore(法国),Baga dorada(西班牙),Red Coat,Golden Threadfin

金线鱼在鱼类分类上属于鲈亚目（Percoidei），金线鱼科（Nemi-pteridae），金线鱼属（*Nemipterus*），在1782年由Houttuyn所命名发表。金线鱼科在台湾较常见的有9种，在市场上全部被称为"金线鱼"。

金线鱼在台湾除了东部较少以外，其余海域皆有分布，全年皆可在沿海捕获。金线鱼喜栖息于具有沙泥底质的大陆架，栖息水深约40~200米。食性为肉食性，以底栖生物、甲壳类和小型鱼类为食。

5月至6月为金线鱼的繁殖期，繁殖期时会结群群游，也因此在这个时期常成群被渔民捕获。

市场上所见的金线鱼都是以底拖网、延绳钓或钓获的方式捕获，其肉质属于白肉鱼，味道清淡，是很大众化的海鲜鱼类，在各地鱼市场里很容易找到，价格也很平价。金线鱼的烹饪方式有油煎、烧烤、酱汁烧烤或清蒸，因肉质较细嫩柔软，因此处理时需要十分小心，另外新鲜的活鱼也十分适合做生鱼片。

双线翼梅鲷 *Pterocaesio digramma*

■别称：双带鳞鳍梅鲷、乌尾冬

■外文名称：Double-lined Fusilier (美国),Fusilier a deux bandes jaunes(法国)

双线翼梅鲷在鱼类分类上属于鲈亚目（Percoidei），笛鲷科（Lutjanidae），鳞鳍梅鲷属（*Pterocaesio*），本种在1865年由Bleeker所命名发表。

台湾四周海域皆有双线翼梅鲷的分布，主要栖息于岩礁区的陡坡处，或水深较深的潟湖，白天喜欢群游于中表水层，晚上则在岩礁区底休息，夜晚休息时体色会变成暗红色。食性为肉食性，主要以浮游动物为食。而其群游的鱼群中也常混有其他属的鱼种。

台湾捕获双线翼梅鲷的方式以流刺网及围网为主，烹饪方式以红烧和清蒸为主。

尾鳍的上下尾叶末端
皆具有明显的黑斑

双线翼梅鲷的体形为稍侧扁的长纺锤形，口小，眼大且位置十分接近于吻端，吻端略尖。身体的鳞片属于栉鳞，侧线完整，侧线只在尾柄前略为弯曲外，其余部分皆十分平直。背鳍单一且基部长，臀鳍形状与背鳍后半部相同，尾鳍形状为深叉形，尾叶末端尖。身体颜色为浅蓝色，背部颜色较深，腹部颜色为粉红色，体侧各具有两条黄色纵带，一条十分接近于背缘，另一条则位于侧线下方的位置，尾鳍的上下尾叶末端皆具有明显的黑斑，各鱼鳍的颜色皆为黄色或淡白色。

宽带副眶棘鲈的体形为侧扁的椭圆形，背缘与腹缘皆呈弧形且互相对应，吻端尖，眼大，口小，上下颌约等长。身体的鳞片属于栉鳞，鳞片明显且大，侧线完整，侧线走向呈弧形。

单一背鳍，背鳍基部长，硬棘部与软条部之间无下凹，尾鳍形状为稍内凹的楔形。体色为赤黄色，腹面颜色较淡且带有银色光泽，鳃盖上缘具有红色斑点，背鳍与尾鳍的颜色为红色，胸鳍、臀鳍以及腹鳍的颜色为金黄色。

宽带副眶棘鲈 *Parascolopsis eriomma*

■别称：海呆仔、赤海呆仔、红海鲫仔、红赤尾冬、红尾冬仔

■外文名称：Rosy Dwarf Monocle Bream,Shimmering Spinecheek

宽带副眶棘鲈在鱼类分类上属于鲈亚目（Percoidei），金线鱼科（Nemipteridae），副眶棘鲈属（*Parascolopsis*），本种在1909年由Jordan与Richardson所共同命名发表。

台湾中部以南的海域以及东北部皆有宽带副眶棘鲈的分布，属于独居鱼类，喜欢单独活动，主要栖息于岩礁区或礁岩区外围的沙地。食性为肉食性，以小鱼和底栖无脊椎动物为食。

虽然宽带副眶棘鲈的分布范围很广，不过渔获量不大，并非渔船的主要渔获物，大多是无意间捕获，此外钓客在防波堤海钓时也可钓获，体长可达30厘米，属于中型鱼类。宽带副眶棘鲈的烹饪方式以油煎和煮汤为主。

蓝猪齿鱼 *Choerodon azurio*

■别称：西齿、寒鲷、四齿鱼

■外文名称：Wrasse,Tuskfish(澳大利亚、新西兰),
　　　　　Scarbreast Tuskfish,Winter Perch

尾鳍有辐射状的黄色纵带

　　蓝猪齿鱼在鱼类分类上属于隆头鱼亚目（Labroidei），隆头鱼科（Labridae），猪齿鱼属（*Choerodon*），本种在1901年由Jordan与Snyder所共同命名发表。

　　台湾四周海域皆有蓝猪齿鱼的分布，其中以北部较多，南部少见且大多生活于较深的海域，主要栖息于岩礁区，同时也是人工鱼礁常见的鱼种。夜间有睡眠的习性，春季与夏季的交接时期为其产卵期。食性为肉食性，以底栖甲壳类为食。

　　蓝猪齿鱼的鱼肉含水量多且肉质细，烹饪方式以清蒸和油炸为主，不过在处理时需要特别留意锐利的鳃盖，以免不小心被割伤。

由胸鳍上方斜向
背鳍基部的黑色斜带

尾鳍为截形，黑色

蓝猪齿鱼的体形为略为侧扁的长椭圆形，头部短且钝，眼中大，上颌略比下颌突出，口裂倾斜，口前方有两对明显突出的齿，也因为这个特征而被称为"四齿鱼"。背鳍单一且基部长，臀鳍外观与背鳍后半部相同，尾鳍形状为截形。身体颜色为淡红褐色，越靠近背部颜色越深，体侧各有两条颜色不同且相邻的斜带，斜带由胸鳍上方斜向背鳍基部，上方的斜带颜色为黑色或深褐色，下方的斜带颜色为白色或粉红色，幼鱼体色为红褐色且不具有斜带，斜带会随着成长而逐渐明显。

方形的头部

日本方头鱼的体形侧扁，身体偏长，最大的特征在于方形的头部，吻端钝，从下颌至腹部较为平直，口部较靠近腹面。背鳍基部长，尾鳍形状为双内凹形。身体颜色以银白色为主，也带有淡淡的粉红色，背部颜色为红色，腹部颜色为白色，背鳍的高度不高，颜色为粉红色，中央有黄色色带，腹鳍颜色为黄色，尾鳍具有数条辐射状的黄色纵带。

日本方头鱼 *Branchiostegus japonicus*

■别称：马头、方头鱼、吧呗、吧口弄
■外文名称：Horse-head Fish,Horse Head,Japanese Horsehead Fish

在台湾地区俗称为"马头鱼"的鱼，在鱼类分类上属于鲈亚目（Percoidei），弱棘鱼科（Malacanthidae），方头鱼属（*Branchiostegus*），全世界共有8种，台湾地区有4种。在台湾较常见的马头鱼是指"日本方头鱼"，本种在1782年由Houttuyn所命名发表。

台湾地区四周海域皆有马头鱼的分布，但南部较少。其栖息的深度较深，大多栖息于水面下3～200米，喜欢具有沙泥底质的海域或近海沿岸。食性为肉食性，以小鱼及小虾为食。

台湾地区捕捞马头鱼的方式以延绳钓、底拖网和船钓等为主，常切成鱼片冷冻后外销至其他国家和地区，其中日本方头鱼是较常见的种类；另外如白马头鱼、斑鳍马头鱼和银马头鱼在台湾都可捕获，只是数量比较少。

马头鱼因肉质极细致，因此非常容易腐败，不适合做生鱼片，适合的烹饪方式包括清蒸、盐烤、香炸、煮汤、油煎或干煎，而清蒸及盐烤时鱼肉味道会较淡，因此最好以酱烤或油煎、油炸等方式来处理。不过煎马头鱼时一不小心会将鱼肉弄散，因此油煎时火候一定要大，油一定要热，才会比较好煎，或先将鱼肉撒些粉后再煎、炸，也会比较容易处理。

日本牛目鲷 *Cookeolus japonicus*

■ **别称：** 红目鲢、日本大眼鲷

■ **外文名称：** Long-finned Bull's Eye,Red Big Eye, Bull's Eye, Deepwater Bull's Eye

大眼鲷在鱼类分类上属于鲈亚目（Percoidei），大眼鲷科（Priacanthidae），牛目鲷属（*Cookeolus*），本种在1829年由Cuvier所命名发表。大眼鲷为牛目鲷属鱼类的俗称，而本文所介绍的日本牛目鲷的体形及外观均为大眼鲷的典型特征，在台湾是非常常见的种类，而另一种中文种名为"大眼鲷"（*Priacanthus macracanthus*）的鱼也很常见，其体高较低，体形为椭圆形，鱼的外形较秀气。

台湾的中南部沿海海域以及东北角都有日本牛目鲷的分布，东部海域较少见，大多栖息在较深的海域，也常出现在岩礁区或近海沿岸，为夜行性鱼类，有很强的趋光性，常会结群活动。食性为肉食性，以小鱼小虾为食。

在台湾全年皆可捕获日本牛目鲷，捕获的方式以底拖网与深海一支钓为主，另外休闲渔业的船钓也常可钓获。日本牛目鲷的肉质纤细，十分适合煮汤，新鲜的大眼鲷以清淡的烹饪方式最能表现出其美味，另外也可以油煎的方式烹饪。

日本牛目鲷的体形为侧扁的卵圆形，眼睛十分大，特大的眼睛为本种最主要的特征，口大，口裂倾斜，口裂近乎垂直。体表由坚硬的栉鳞所覆盖，侧线完整，侧线呈弧形且几乎与背缘平行。单一背鳍，背鳍前端部分的鳍条短，后半部逐渐变长，臀鳍的外形与背鳍的后半部相同，位置也是在背鳍的下方，胸鳍小，腹鳍长且大，十分明显，尾鳍形状为截形。身体颜色为红色，腹鳍颜色呈黑色，背鳍、臀鳍以及尾鳍边缘为黑色。

特大的眼睛

单一背鳍，硬棘部与
软条部之间有明显下凹

深海骨鳂
Ostichthys kaianus

■ 别称：金鳞甲鱼、白线金鳞鱼
■ 外文名称：Deepwater Soldier

深海骨鳂的体形为侧扁的椭圆形，背缘较高，腹面
比背缘平缓，下颌比上颌长，眼大，有较多的外露
骨骼。鳃盖上有明显的鳞片，鱼体的鳞片大且坚硬
属于栉鳞，具有完整的侧线。单一背鳍，硬棘部与
软条部之间有明显的下凹，背鳍的硬棘部，鳍条短
且坚硬；臀鳍的外形与背鳍的软条部相同且位置相
对应；腹鳍的第一根鳍条为坚硬的硬棘；尾鳍的形
状为深叉形。身体颜色为红色，各鱼鳍的颜色为
淡红色，活鱼的体侧通常具有明显的白色细纵带。
(*配图错误，为日本骨鳂)

深海骨鳂在鱼类分类上属于鳂亚目（Holocentroidei），鳂科（Holocentridae），骨鳂属（*Ostichthys*），本种在1880年由Gunther所命名发表。

鳂科的鱼类在台湾皆有分布，而本文介绍的深海骨鳂主要分布于台湾地区的南部与澎湖沿海海域，属于夜行性鱼类，深海骨鳂的大眼睛有助于夜间的活动与觅食，白天则躲藏于岩洞或岩缝中休息。其食性为肉食性，大多以浮游动物和软体动物为食，幼鱼行浮游生活，随着成长会逐渐栖息在底层，成鱼可利用鱼鳔发出声音。

深海骨鳂在台湾地区的市场上还算常见，也十分容易辨识，因为这一科的鱼大多拥有比一般鱼类还大的眼睛，鳞片较大且又厚又硬。另一类也同样拥有大眼睛的大眼鲷科鱼类，不过其鳞片十分细小，因此可简单地由鳞片来分辨鳂科与大眼鲷科的鱼类，且金鳞鱼科鱼类的眼睛比例比大眼鲷科鱼类小。

台湾地区深海骨鳂的产量并不多，也不是作业渔船的主要渔获，捕获方式以延绳钓和底拖网为主。深海骨鳂的烹饪方式以油炸、煮汤、烧烤等方式为主，因其鳞片大多比较坚硬，因此在去除鱼鳞时较为麻烦。

背鳍及上尾叶具有深色斜纹

条尾绯鲤的体形为稍侧扁的长纺锤形，吻端钝，上颌前端较圆，口小且开口朝下。鳞片有圆鳞及栉鳞，因种类而异，有完整的侧线，侧线的位置较靠近背部。有两个完全分离的背鳍，臀鳍位于第二背鳍正下方的位置，尾鳍形状为深叉形，背鳍及上尾叶具有深色斜纹，下尾叶则为一道暗色宽纵带。

条尾绯鲤 *Upeneus japonicus*

■别称：绯鲤、洋鱼、须哥、红鱼、红秋姑

■外文名称：Goatfish,Striped-fin Goatfish,Red Mullet(美国),Meerrrben, Rougets(法国),Salmonetes(西班牙),Biji nangka,Balaki(菲律宾)

在台湾市场上所称的"秋姑鱼"其实包含了数十种须鲷科的鱼类，所有被称为"秋姑鱼"的鱼类在分类上都属于鲈亚目（Percoidei），须鲷科（Mullidae），在台湾有3属19种，本文以中文种名为"条尾绯鲤"的秋姑鱼来做介绍。

台湾四周海域皆有条尾绯鲤的分布，喜欢栖息于沙泥底质的海域，大多有群游的习性，但也有单独行动者，会利用下颌的触须搜寻躲藏于沙泥底下的食物。食性为肉食性，以沙泥底层的无脊椎动物和小鱼为食，也会跟随其他鱼类，以捡食鱼游动后或潜沙时所扬起的食物。

台湾捕捞秋姑鱼的方式以底拖网、流刺网和延绳钓为主，全年皆可捕获。秋姑鱼肉味鲜美，烹饪方式适合红烧和油煎等，也很适合用来煮味噌汤。

Yellow

A MARKET GUIDE TO FISHES & OTHERS

【黄色鱼族】

香鱼的体形稍侧扁且细长，头部小且吻端尖，上吻端突起，向下弯成钩形，口大。除头部以外的鱼体全身覆盖极细的圆鳞，鳞线呈直线，位于体侧中央。背鳍位于身体中央且后方另有一个小脂鳍，小脂鳍位置靠近尾柄，刚好与臀鳍后端位置相对，胸鳍狭长，腹鳍小且位置约在背鳍正下方，尾鳍形状为叉形。身体颜色为橄榄绿，背部颜色较深，腹部为银白色，所有的鱼鳍皆为淡黄色，胸鳍后方有一个黄色斑，但当香鱼受惊吓或死亡后，此色斑的颜色会显得非常暗淡。

香鱼 *Plecoglossus altivelis*

■别称：年鱼、鲇鱼、溪鲤　　■外文名称：Sweetfish

　　香鱼在鱼类分类上属于胡瓜鱼科（Osmeridae），香鱼属（*Plecoglossus*），在全世界只有一属一种，本种在1846年由Temminck与Schlegel所共同命名发表。

　　台湾地区原产的香鱼属降海型，每年秋冬会顺流到河川下游的海湾产卵，产完卵的香鱼即会死亡，香鱼的生命周期只有一年左右，因此也将香鱼称为"年鱼"。鱼苗在春季后会随着成长沿河而上，此为降海型香鱼。

　　台湾地区早期市面上所见的香鱼都需要由日本进口，而现在市面上的香鱼都是本土养殖的香鱼，因繁殖技术十分稳定，可以有稳定的鱼苗供养殖业者饲养。香鱼因背脊上有一条类似香脂的构造而有特殊的香味，因而在国际市场上享有"淡水鱼之王"的美誉，在台湾地区也有"溪流之王"之称。香鱼的肉质非常鲜美，加上其特殊的香味，更是大大吸引了喜爱河海鲜的老饕们。香鱼的烹饪方式常见的有炸香鱼、烤香鱼等，其中盐烤香鱼是日本人最喜爱的方式，其他如清炖或煮汤都十分美味，不过还是以油炸为最地道的烹饪方法。

小脂鳍

体侧有橘黄色
不规则斑纹

玉筋鱼的体形细长，身体切面为椭圆形，吻端尖，口大，下颌比上颌长。侧线完整，侧线十分靠近背缘。身体的鳞片属于小圆鳞，头部不具鳞片，体侧具有斜的皮摺。背鳍单一且基部长，不具硬棘，也没有腹鳍，臀鳍基部长，尾鳍形状为叉形。身体颜色为淡黄绿色，背部灰黑色，腹部为白色，体侧具有橘黄色不规则的斑纹。（*配图错误，为台湾布氏玉筋鱼）

玉筋鱼 *Ammodytes personatus*

■别称：**面条鱼**　■外文名称：Pacific Sandlance

　　玉筋鱼在鱼类分类上属于鲈形目（Perciformes），龙䲢亚目（Trachinoidei），玉筋鱼科（Ammodytidae），玉筋鱼属（*Ammodytes*），本种在1856年由Girard所命名发表。

　　台湾地区没有玉筋鱼，市面上看到的玉筋鱼均为进口的食用海鲜，其体形虽小，但肉质鲜美细嫩。玉筋鱼主要分布于中国大陆沿海，另外在朝鲜与日本也有分布，属于沿海的中上层小型鱼类。食性为肉食性，常以浮游动物为食。

三线矶鲈
Parapristipoma trilineatum

■ 别称: 黄鸡仔鱼、鸡仔鱼
■ 外文名称: Chicken Grunt,
Striped Pigfish, Striped Grunt

三线矶鲈有单一背鳍, 背鳍基部长, 前半部皆为硬棘, 后半部为软鳍条, 臀鳍小且外形与背鳍的鳍条相似, 胸鳍长, 尾鳍形状为叉形。鱼体背部颜色呈绿褐色, 腹部颜色为白色, 胸鳍及背鳍、臀鳍均为黄色。鱼体两侧具有三条黄褐色的纵带, 此三条纵带在幼鱼期尤其明显, 不过鱼死后此纵带会逐渐消失, 而成为一片黄色区域。其体形为侧扁形, 背缘曲线呈弧形, 吻端钝尖, 眼大, 上下颌约等长。身体的鳞片属于栉鳞, 背鳍以及臀鳍的基部皆具有鳞鞘, 有完整的侧线。

　　三线矶鲈在鱼类分类上属于鲈亚目（Percoidei）, 仿石鲈科（Haemulidae）, 矶鲈属（*Parapristipoma*）, 本种在1826年由 Risso 所命名发表。

　　台湾四周海域皆有三线矶鲈的分布, 常活动于近海海域以及岩礁区, 有群游及洄游的习性, 常在水深约5～50米之间的水域活动, 幼鱼期喜欢栖息在河口或河川下游河段等盐分较淡的水域。三线矶鲈虽属于中底层的鱼类, 但在夜晚也常游至水面。三线矶鲈有性转变的特性, 属于先雌后雄型, 体长在10厘米以下者为雌鱼, 随着成长会逐渐变性成为雄鱼, 产卵期为6月至8月, 食性为肉食性。

　　在台湾全年皆可捕获野生的三线矶鲈, 其中以夏季产量最多, 捕获的方式是以流刺网或手钓捕获, 也是船钓时常钓获的鱼种之一, 此时所捕获的三线矶鲈也是最美味的。虽然三线矶鲈可长到30厘米长, 但中国台湾市场上所贩卖的大多是18厘米左右的鱼, 而在日本则大多食用将近30厘米的成鱼。三线矶鲈不只是美味的食用鱼, 其营养成分也是颇丰富的。三线矶鲈适合以各种方式烹饪, 如盐烤、炖煮、清蒸均可, 甚至也可做生鱼片, 三线矶鲈的鱼卵在日本被当成上等的料理食材。

伏氏眶棘鲈有单一背鳍，背鳍的基部长，硬棘部与软条部之间无下凹，臀鳍都是硬棘，腹鳍介于胸鳍与臀鳍之间，比较靠近臀鳍，尾鳍形状为内凹形。

白色宽带

伏氏眶棘鲈的体形为侧扁的椭圆形，腹缘呈弧形，吻端至背鳍起点之间的头缘几乎平直，眼略大，吻端钝，上下颌约等长。身体的鳞片属于栉鳞，鳞片明显且大，侧线完整，侧线走向呈弧形。身体颜色为黄褐色，颈部具有一条白色粗横带，上窄下宽，位于眼睛后方，并经过鳃盖，此白色宽带为伏氏眶棘鲈的重要特征，但死后会变得不明显。所有的鱼鳍颜色皆为橘黄色。

伏氏眶棘鲈 *Scolopsis vosmeri*

■别称：赤尾冬仔、红海鲫仔、白颈赤尾冬

■外文名称：Whitecheek Monocle Bream(美国加州、泰国),Silverflash Spinecheek

　　伏氏眶棘鲈在鱼类分类上属于鲈亚目（Percoidei），金线鱼科（Nemipteridae），眶棘鲈属（*Scolopsis*），本种在1792年由Bloch所命名。

　　台湾四周的海域皆有伏氏眶棘鲈的分布，属于独居鱼类，喜欢单独活动，主要栖息于岩礁区或礁岩区外围的沙地。食性为肉食性，以小鱼和底栖无脊椎动物为食。

　　虽然伏氏眶棘鲈的分布范围很广，但因渔获量不大，并非渔船的主要渔获物，大多是无意间捕获，此外钓客在防波堤海钓时也可钓获。伏氏眶棘鲈的体长可达30厘米，属于中型鱼类，烹饪的方式以油煎和煮汤为主。

小黄鱼 *Larimichthys polyactis*

■别称：黄瓜、黄花鱼、黄鱼

■外文名称：Large Yellow Croaker (美国加州),Croceine Croaker,Jewfish

小黄鱼在鱼类分类上属于鲈亚目（ Percoidei ），石首鱼科（ Sciaenidae ），黄鱼属（ *Larimichthys* ），本种在1877年由Bleeker 所命名发表。

小黄鱼盛产于西北太平洋，是中国大陆沿海的主要鱼种，分布范围包括南海、东海以及黄海的南部，在台湾地区沿海较少见，西部沿海偶尔会有，而马祖沿海则比较常见，曾是马祖当地最有名气的鱼类之一。小黄鱼主要栖息于具有沙泥底质的内湾或沿岸，属于中下层的鱼类，喜爱混浊的水质，也因此不喜强光，白天大多在底层活动，晚上、光线较弱的早晨或黄昏才会浮至上层活动。小黄鱼食性为肉食性，以甲壳类及小型鱼类为食，繁殖季节时会群游至沿岸或河口处，小黄鱼的鳔有发声的功能，在繁殖季节时经常发出声音。

由于小黄鱼盛产于中国大陆沿海，在台湾地区除马祖外很少见，现在已有小黄鱼的养殖，但养殖数量很少，目前还在试养阶段，因此还无法依靠人工养殖的方式来供应市场的需求。在马祖一年四季都可捕获小黄鱼，而以农历春节前后的数量较多而且小黄鱼也比较肥美。小黄鱼的捕抓方法以底拖网以及底刺网为主。

一般在菊花盛开时也差不多是小黄鱼的产季，也因此而有"菊花开黄鱼来"之说，这也是"黄鱼"的名称由来。黄鱼的肉质细致，以炸、煮、蒸等方式烹饪皆非常适合，而常见的料理包括梅汁黄鱼、红烧黄鱼、糖醋黄鱼等，而将小黄鱼以蒜头爆香再油炸的大蒜黄鱼也是一道很受欢迎的美食。

小黄鱼的体形为侧扁的长方形，头形偏圆，吻端钝不突出，尾柄细长，上下颌等长。头部鳞片几乎都是圆鳞，而身体靠近头部的部分也是圆鳞，其他部分的鳞片则为栉鳞。腹鳍基部位于胸鳍基部下方，胸鳍宽度窄且长，背鳍的硬棘及软条处有深凹，尾鳍形状为楔形。

小黄鱼的身体上半部颜色为紫褐色，下半部为金黄色，腹部另具有多列橙黄色的发光颗粒，背鳍以及尾鳍的颜色皆为浅黄褐色，其余胸鳍、腹鳍以及臀鳍的颜色为黄色。（＊配图有误，上下两图均为大黄鱼）

黄色的臀鳍

小黄鱼的营养价值

根据台湾卫生机构的营养成分分析，每100克重的小黄鱼所含的成分如下：热量100kcal，水分78克，粗蛋白19.4克，粗脂肪1.9克，灰分1.2克，胆固醇62.8毫克，维生素B_1 0.06毫克，维生素B_2 0.09毫克，维生素B_6 0.24毫克，维生素B_{12} 2.57毫克，烟碱素2.22毫克，维生素C 2.28毫克，钠76.4毫克，钾317毫克，钙6毫克，镁30毫克，磷268毫克，铁1毫克，锌0.4毫克。

青点鹦嘴鱼 *Scarus ghobban*

■**别称：青衣**

■**外文名称：**Yellow Scale Parrot Fish, Blue-barred Parrotfish, Blue Trim Parrotfish, Green Blotched Parrotfish

青点鹦嘴鱼在鱼类分类上属于隆头鱼亚目（Labroidei），鹦哥鱼科（Scaridae），鹦哥鱼属（*Scarus*），本种在1775年由Forsskål所命名发表。全世界的鹦哥鱼共有11属80余种，台湾地区拥有6属26种。

台湾四周海域皆有青点鹦嘴鱼的分布，主要栖息于浅海珊瑚礁外缘的海域或岩礁地区，如同隆头鱼一般，夜间会躲藏于岩洞中睡觉或潜藏于沙中，并会分泌黏液包住身体或将洞口封住，白天则独自穿梭于珊瑚礁或岩礁间觅食。食性为肉食性，以珊瑚及一些无脊椎动物为其主食，由其嘴部及齿板的构造可清楚了解青点鹦嘴鱼的食性。

青点鹦嘴鱼为台湾很受欢迎的海产食用鱼之一，以南部、东南部以及离岛较多，而北部多集中于岩礁区或珊瑚礁区内，因其肉质鲜美且为高价的海鲜鱼类，所以深受钓客的喜爱，捕获的方式除钓获外，尚有拖网、流刺网及延绳钓，不过因青点鹦嘴鱼喜单独活动，因此每次下网捕获的数量都不多。烹饪方式以红烧、清蒸和煮鱼汤为主。

脸部有数条不规则的蓝色花纹

特化的嘴形与
其觅食习性有关

青点鹦嘴鱼的体形呈略侧扁的椭圆形，其
最大的特征为特化的嘴形，脸部有数条不
规则的蓝色花纹，尾鳍形状为双凹形。鳞
片外缘为蓝绿色，体侧具有数条不规则横
蓝色斑，雄鱼的体色为橘黄色，尾鳍上下
缘皆为蓝色。

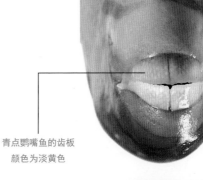

青点鹦嘴鱼的齿板
颜色为淡黄色

青点鹦嘴鱼的上下颌齿均愈合成板状，
其外形十分类似鹦鹉的嘴

青点鹦嘴鱼的口小，
既圆且钝又不能伸缩，十分坚硬

Yellow【黄色鱼族】

A MARKET GUIDE TO FISHES & OTHERS

97

背鳍很长，起始于身体与头部交界处，结束于尾柄上

鲯鳅的体形长且侧扁，头部最宽大，然后渐次向尾部逐渐变细，头部上方隆起，尤其以雄鱼最为明显，成鱼的头部几乎呈方形，下颌比上颌突出些。身体的鳞片为细小的圆鳞，具有完整的侧线，胸鳍上方的侧线较凌乱不规则。背鳍很长，起始于身体与头部交界处，结束于尾柄上，胸鳍小且形如镰刀，尾鳍形状为明显的深叉形，尾叶末端呈尖形。身体颜色为绿褐色或鲜黄色，腹部为带有点淡黄色色泽的银白色，体侧有绿色的小点散布，背鳍颜色为紫青色，尾鳍为银灰色。

鲯鳅
Coryphaena hippurus

■ 别称: 万鱼、飞乌虎、鳢鱼、鬼头刀

■ 外文名称: Common Dolphin Fish(联合国粮食及农业组织、美国加州、中国香港、澳大利亚、新西兰、南美), Coryphene commune(法国), Lampuga (西班牙), Dorado (西班牙、智利)

鲯鳅在鱼类分类上属于鲈亚目 (Percoidei)，鬼头刀科 (Coryphaenidae)，鬼头刀属 (*Coryphaena*)，本种在1758年由Linnaeus所命名发表。鬼头刀科在全世界只有1属2种。

台湾地区四周海域或外海都有鲯鳅的分布，但以东部海域的产量较多，属于大洋性洄游鱼类，常成群游于外洋的表水层，在岩岸的海岸偶尔也可发现，喜欢栖息于阴影下，如浮木或浮藻底下。食性为肉食性，以飞鱼或沙丁鱼之类的表层鱼类为食，常因为追逐捕食而跳出水面。鲯鳅也会随着暖流的路径而迁移。

鲯鳅是台湾地区各处海域产量相当大的鱼类之一，也是近海渔业重要的鱼种，南部及东部以5月产量最大，北部则由10月末至翌年2月中旬产量较大。捕抓的方式以曳绳钓、流刺网及定置网为主，也是船钓钓客经常钓获的鱼种之一。

鲯鳅在台湾的产量非常高，几乎可说是加工类的大宗，其鱼肉可制成其他的鱼产品，最常被加工为盐渍鱼、鱼丸、鱼松及鱼排等，而新鲜的鲯鳅也可做成生鱼片。其他以鲯鳅为食材所做成的美食包括香酥鸳鸯条、麻辣鱼块、柠檬鱼片、糖醋鬼头刀、味噌鬼头刀等。

Brown

A MARKET GUIDE TO FISHES & OTHERS

【褐色鱼族】

黄鳝 *Monopterus albus*

■ **别称：** 鳝鱼

■ **外文名称：** Rice Swamp Eel, Rice Paddy Eel, Rice Eel, Swamp Eel

黄鳝在鱼类分类上属于合鳃鱼科（Synbranchidae），黄鳝属（*Monopterus*），本种在1793年由Zuiew所命名。

黄鳝在全世界只分布于亚洲国家，在台湾地区各地皆有分布，体形较大的黄鳝大多栖息于河川或池塘中，较小型的则栖息于水田或田沟里。黄鳝喜欢栖息于水质较污浊且具有泥质底质的环境，具有挖洞作为栖息巢的习性，所掘的洞穴通常有两个以上的出口，而其中一个出口一定会高于水面，作为呼吸或躲避敌害之用。黄鳝为肉食性，性贪食，白天大多躲于所掘的栖巢中很少出现，大多利用晚上活动及觅食，属于夜行性鱼类，其食物来源大多是小鱼、小虾以及昆虫，只要是体形较小的动物皆可摄食。黄鳝有性转变的特性，46厘米以上皆为雄鱼，28厘米以下为雌鱼，而28至46厘米之间者为雌雄同体，每年5月至9月为繁殖期，会在所掘的通道内另筑一个较大的产卵室，卵便产于此室中，而雄鱼会在孔道内保护这些受精卵。

目前台湾地区河川的污染严重以及天然栖地的破坏，使野生的黄鳝越来越少，已经很难在野外捕获体形较大的黄鳝了，而黄鳝自古就是中国人喜爱的鱼类之一，加上有滋补的功效，因此市场需求量很大。幸好人工繁养殖技术的确立，使养殖的黄鳝已足以稳定供应市场需求，市面上的黄鳝都是人工养殖的，养殖黄鳝大多集中在台湾地区中南部，以南部最多。

黄鳝对中国人来说大多用来"补身"，依据民间的说法，鳝性甘温，具有活血补血之效，对风湿痛有轻微的疗效，因此在台湾地区最常以药炖的方式来烹饪鳝鱼，大多用来补身。黄鳝的肉质细嫩，无分支的刺骨，因此除了药炖外，其他烹饪方式还有烤鳝鱼、炒鳝鱼或是鳝鱼面，其中鳝鱼面是台南非常著名的小吃。

黄鳝的体形为长简形，没有胸鳍及腹鳍，背鳍与臀鳍皆已退化成与尾鳍相连的皮褶，身体没有鳞片。身体颜色为黄褐色且具有不规则的黑斑，腹部颜色为淡褐色。黄鳝的最大体长可达80厘米，重达1.5公斤，以25~40厘米长的黄鳝最为常见。

黄鳝的头部比例大，颊部膨大，鳃裂位于腹侧

杂食豆齿鳗的头部为钝锥形，
吻端钝，上颌比下颌突出

杂食豆齿鳗的体形为延长的圆筒形，身体没有鳞片，因此身体表面十分光滑，侧线不明显。背鳍与臀鳍基部长，但很不明显，胸鳍发达，外形呈扇形。身体颜色为黄褐色，越靠近腹部颜色越淡，而腹面颜色为白色，背鳍以及臀鳍的鳍缘为黑褐色，胸鳍颜色为浅灰色。

杂食豆齿鳗 *Pisodonophis boro*

■别称：杜龙、土龙　　■外文名称：Snake Eel, Estuary Snake-eel

　　杂食豆齿鳗在鱼类分类上属于康吉鳗亚目（Congroidei），蛇鳗科（Ophichthidae），豆齿鳗属（*Pisodonophis*），本种在1822年由Hamilton所命名。

　　杂食豆齿鳗分布于台湾西部以及南部的沙泥质沿岸及河口，几乎只栖息于有沙泥底质的潮间带或河口，为底栖性夜行性鱼类，具有挖洞筑穴的习性，平时藏匿于所掘的洞穴中。食性为肉食性，以捕食鱼类和甲壳类为食。

　　杂食豆齿鳗俗称"土龙"，在中国历史上有很多的传说，据《稗官野史》中记载：隋炀帝得知土龙为男性圣品后，曾令太医以中药浸酒泡制，也将土龙研制成药粉，作为宫中滋阴补肾的最佳圣品。土龙的传说大多强调其具有强身壮阳的功效，甚为夸大不实。但也因为这些以讹传讹的

说法，使土龙在台湾民间成为家喻户晓的滋补圣品，不过台湾本地野生的土龙产量十分少，几乎已经到一"龙"难求的地步。土龙的捕抓方式只能依靠有经验的渔民退潮时在潮间带徒手捕抓，退潮后土龙都躲藏于沙泥底下，必须依靠累积的经验才能够判定土龙的藏身之处，因此渔获量十分少。目前中国台湾从其他国家和地区进口土龙，其价格比台湾本土野生的土龙便宜许多，但很多人还是深信进口的土龙疗效比本土产的要差很多，因此虽然进口的土龙十分便宜，而本土产的野生土龙虽然昂贵无比，但还是有强烈的需求。

　　台湾地区对土龙的第一印象就是"非常补"三个字，因此市面上土龙都采用药炖的方式，另外也有不少民间的配方将土龙制成"土龙药酒"。

身体布满黑褐色小点

泥鳅的体形在臀鳍以前的部分是圆筒形，臀鳍以后就变成侧扁。腹部圆，背部曲线平直，头部小且近似圆锥形，口呈马蹄形且开口向下，口的周围共有5对须。尾柄与尾鳍以隆起的皮质相连，身体的鳞片为细小的圆鳞，头部没有鳞片，侧线不是很明显。鱼鳍均没有硬棘，背鳍较圆，位于身体约中央偏后方的位置，腹鳍位于背鳍正下方的位置，臀鳍为半圆形，位于肛门后方，胸鳍为圆形，位置靠近腹部，尾鳍形状为圆形。（＊配图有误，为大鳞副泥鳅）

泥鳅 *Misgurnus anguillicaudatus*

■**别称**：土鳅

■**外文名称**：Oriental Weatherfish,Loach(美国加州)

泥鳅在鱼类分类上属于鳅科（Cobitidae），泥鳅属（*Misgurnus*），本种在1842年由Cantor所命名发表。

泥鳅在台湾地区各地的淡水水域皆有分布，常栖息于水田、具有泥质底质的沟渠或池塘，而以具有淤泥的静水水域或缓慢的流水水域较多，有潜入泥底的习性。泥鳅除了利用鳃呼吸外，还可利用肠道以及皮肤来进行呼吸，因此常在水塘可见泥鳅迅速地在水面吸一口气，然后又迅速下潜，因此可以躲藏在只有微湿的淤泥当中。泥鳅的食性为杂食性，食物种类繁多，如浮游生物、淡水小虾、昆虫幼虫、藻类或泥土里的有机物，每年的4月至8月为泥鳅的繁殖季节。

泥鳅在台湾地区早期的社会是很常见的淡水鱼，也与台湾地区的当地文化密不可分，由很多谚语即可看出泥鳅与台湾当地文化的关系，例如"三月死泥鳅，六月风拍稻"，这是与气象有关的谚语；而关于泥鳅的俗语也很多，例如"泥鳅怀肚，个人寻路""既做泥鳅，不怕挖眼"，另外在台湾本土的团仔歌里，也有很多以泥鳅为题材的歌曲。

泥鳅从早期到现在大多是用药炖的方式烹饪，多用来补身，尤其是长辈时常会炖泥鳅给正在发育的小朋友吃，泥鳅还可以用来煮汤或做成三杯泥鳅。因为现在野生泥鳅十分少见，所以很多亲子活动或休闲农场都会举办抓泥鳅的活动，让住在都市的小孩体验在泥堆里抓泥鳅的乐趣，也让家长重拾小时候在田里或池塘里抓泥鳅的童年记忆。

胡鲇 *Clarias fuscus*

■别称：土杀、胡子鱼

■外文名称：Walking Catfish, White-spotted Freshwater Catfish

胡鲇在鱼类分类上属于胡鲇科（Clariidae），胡鲇属（*Clarias*），本种于1803年由Lacepede所命名发表。

胡鲇盛产于中国台湾和大陆以及东南亚，台湾地区各地皆有分布，但以西部河川下游最多，胡鲇为温水性鱼类，喜欢栖息于河川的中下游、水塘、沟渠等具有泥质底质的环境中，特别喜欢躲藏于阴暗处，具有群栖的习性。食性为肉食性，性贪食，常以小鱼、小虾以及小昆虫为食，属于夜行性鱼类，白天多栖息于水底或藏于洞穴中，利用晚上活动或觅食。3月至9月为胡鲇的繁殖期，通常雄鱼的体形较小，筑巢以及照顾后代由雄鱼负责。

因为环境污染严重以及栖息地的破坏，台湾地区野生的胡鲇已经十分少见，目前市面上的胡鲇皆是由人工养殖，台湾地区养殖胡鲇几乎集中于南部，如高雄、台南以及屏东等地，因繁殖技术的发展，使繁殖场能够提供稳定健康的胡鲇鱼苗供养殖户放养，养殖户从放苗后约饲养14个月后即可出售。目前台湾地区所放养的胡鲇大多是蟾胡鲇（*Clarias batrachus*），因其成长迅速、体形大、无挖洞的习性等诸多优点，深受养殖业者的喜爱。

胡鲇含有丰富的铁、锌以及钴等人类必须摄取的微量元素，除对贫血有改善的功效外，还可以促进儿童的发育以及预防老人便秘等。正因为具有滋补的效用，加上其肉质细嫩且肉多细刺少，当然深受大家的喜爱，常可在夜市看到一摊又一摊的药炖胡鲇。胡鲇最地道的烹饪方式还是药炖，这样才美味，胡鲇鱼会因其他配料的不同而有不同的名称及功效，如"杞子红枣胡鲇鱼汤"具有养血调经及补肾与健脾的功效，或是"乌豆煲胡鲇"对消除疲劳有很大的助益。

胡鲇的营养价值

根据台湾卫生机构的营养成分分析，每100克重的胡鲇所含的成分如下：热量194kcal，水分68.9克，粗蛋白16.3克，粗脂肪13.8克，灰分1.0克，胆固醇86毫克，维生素B_2 0.22毫克，维生素B_6 0.20毫克，维生素B_{12} 2.37毫克，烟碱素3.20毫克，维生素C 0.4毫克，钠37毫克，钾380毫克，钙4毫克，镁27毫克，磷220毫克，铁1.1毫克，锌0.8毫克。

胡鲇的头部平斜，呈上下扁状，后半部的体形为长形且侧扁，吻宽且短，前鼻孔为短管状而后鼻口则为裂缝状，上颌比下颌突出，口周围具有4对须，较短的鼻须一对与颏须一对，较长的上下颌须也各一对。体表没有鳞片，皮肤多黏液且光滑，具有完整平直的侧线。背鳍基部长且与尾鳍分开，臀鳍外形与背鳍一样，而且同样不与尾鳍相连接，尾鳍小且呈圆形，胸鳍小且具有一根内缘为锯齿状的粗硬棘。胡鲇的身体颜色为黄褐色或者灰黑色，腹部颜色为灰白色，胡鲇的体侧没有斑块。（*配图有误，为蟾胡鲇）

口周围具有4对须

105

日本鳗鲡 *Anguilla japonica*

■别称：乌耳鳗

■外文名称：Japanese Eel(联合国粮食及农业组织), Anguilla du japon(法国),
Anguila japonesa(西班牙), Freshwater Eel

日本鳗鲡在鱼类分类上属于鳗鲡目（Anguilliformes），鳗鲡科（Anguillidae），鳗鲡属（*Anguilla*），本种在1846年由Temminck与Schlegel所共同命名发表。

台湾地区四周海域皆有日本鳗鲡的分布，属降海性洄游鱼类，每年入秋之际产卵，孵化后的鳗线顺黑潮海流北上，到达中国台湾、日本东岸之河口溯河而上，只要环境条件合宜，就大量聚集，形成鳗苗汛期。食性为肉食性，以鱼虾和底栖性动物为食。

日本鳗鲡也称白鳗，野生白鳗已不多见，市场上所见之白鳗皆是由捕捞的鳗线养殖而成的，也是台湾外销的主要鱼种。日本人喜好食用白鳗，但因气候条件不及台湾，因此中国台湾一跃而成为亚洲地区的主要鳗鱼供应地。

日本鳗鲡的肉与肝中的蛋白质及维生素A含量均高，脂肪则较黄鳝丰厚，可说是贵族鱼种之一。日本鳗鲡入口温润，细致又不失弹性，确属鱼之上品。日本鳗鲡适合煮汤、红烧，目前以加工制作之"蒲烧鳗"广受消费者的喜爱。枸杞鳗也是常见的冬季补品，只要将切段的日本鳗鲡和中药材一起放入炖锅中，加入少许米酒和盐炖煮即可。

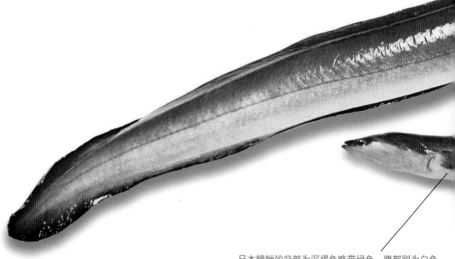

日本鳗鲡的背部为深褐色略带绿色，腹部则为白色

日本鳗鲡的头部呈钝锥形，无鳃盖，
鳃仅由鳃口与外界相通，下颌比上颌长

日本鳗鲡的体形呈细长的圆筒状，外观呈蛇状，尾部侧扁，
鳞片细小，藏于皮下。背鳍基部长，且延伸至尾部与尾鳍
互相连接，臀鳍与背鳍相同，也与尾鳍相连接，无腹鳍，
胸鳍圆，体表没有任何花纹。

钱鳗

■别称：油锥、虎鳗 　■外文名称：Moray Eel

　　钱鳗是台湾民间对海鳝科鱼类的统称，在台湾所统称的钱鳗在鱼类分类上属于鳗鲡目（Anguilliformes），海鳝亚目（Muraenoidei），海鳝科（Muraenidae），在台湾周围海域约有10个属48种的钱鳗，而较常被食用的钱鳗大多属于裸胸鳝属（Gymnothorax）。

　　台湾四周的海域几乎都有钱鳗的分布，尤其以岩礁区的海域最多，少数种类栖息在沙泥底质的海底，白天几乎都是躲藏在岩洞中，只有吻端或头部会露出洞口，大部分的钱鳗很少会离开躲藏的洞穴，为夜行性鱼类，因此几乎只在晚上才会离开洞穴外出觅食。食性为肉食性，某些种类生性凶猛，甚至会攻击潜水员，而有些种类则十分温驯，还会认得经常前来探望的潜水员。钱鳗具有性转变的特性，先雌后雄或是先雄后雌都有，因钱鳗的种类而异，有些种类体色转变与性别有极大关系。

　　在中国台湾市面上的钱鳗皆是野生捕获的，捕获的方式以延绳钓和笼具诱捕等方式为主，在渔港的鱼市场中常以活体的方式出售，将钱鳗装在塑胶网袋中等待出售。

　　钱鳗的制作以三杯的方式为主，其他以钱鳗为食材的料理尚有铁板钱鳗、糖醋钱鳗等。

密网裸胸鳝（*Gymnothorax pseudothyrsoideus*）的体形呈蛇状，表皮光滑，体色从黄褐色到黑褐色都有，身上布满块状或树枝状的斑纹。

大多数的钱鳗头部通常较肥大，尤其两颊膨大，上颌比下颌突出些，吻短钝，口内可见明显的齿。

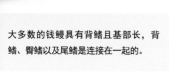

大多数的钱鳗具有背鳍且基部长，背鳍、臀鳍以及尾鳍是连接在一起的。

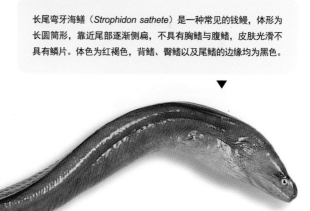

长尾弯牙海鳝（*Strophidon sathete*）是一种常见的钱鳗，体形为长圆筒形，靠近尾部逐渐侧扁，不具有胸鳍与腹鳍，皮肤光滑不具有鳞片。体色为红褐色，背鳍、臀鳍以及尾鳍的边缘均为黑色。

▼

许氏犁头鳐 *Rhinobatos schlegeli*

■别称：相思仔、薛氏琵琶鳐

■外文名称：Guitarfish（美国加州），Brown Guitarfish，Broad-snouted Ray(澳大利亚、新西兰)，Sand Shark，Beaked Guitar Fish

　　琵琶鳐在鱼类分类上属于鳐亚目（Rajoidei），琵琶鳐科（Rhinobatidae），琵琶鳐属（*Rhinobatos*），本种在1841年由Muller与Henle共同命名发表。台湾市场上所指的琵琶鳐大多是指许氏犁头鳐或台湾犁头鳐（*Rhinobatos formosensis*）。

　　台湾地区西部海域以及北部的周围海域皆有琵琶鳐的分布，喜欢栖息于具有沙泥底质的平坦海底，属于底栖性卵胎生鱼类。食性为肉食性，以小鱼和甲壳类为食。琵琶鳐在台湾并非渔船主要的渔获物，夏天为主要的产季，常可在底拖网中捕获，虽在一般的市场不多见，但在渔港的市场比较常见。新鲜的鱼可以做成生鱼片，也可以红烧方式料理，亦可切块以三杯的方式烹饪。

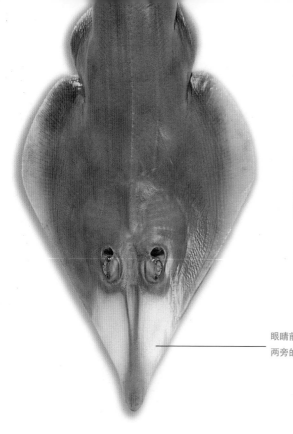

许氏犁头鳐的吻端尖且略为突出，双眼位于背面，覆盖身体的鳞片为细小的盾鳞。

眼睛前方的吻部中线
两旁的颜色呈半透明状

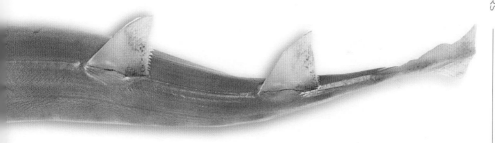

许氏犁头鳐的体形呈扁平状，尾柄长，腹面扁平具有鳃列，功能与其他鱼类的鳃相同，口部也位于腹面。胸鳍狭小，后缘圆钝，具有两个背鳍，第一背鳍与第二背鳍的大小及外观形状皆相同，背鳍位于尾柄上，第二背鳍十分接近尾鳍。身体的颜色为褐色，眼睛前方的吻部中线两旁的颜色呈半透明状，腹面颜色为淡白色。(*配图有误，为台湾犁头鳐)

中国团扇鳐 *Platyrhina sinensis*

■ 别称：鲂鱼　■ 外文名称：Thornback Ray

中国团扇鳐在鱼类分类上属于鳐亚目（Rajoidei），犁头鳐（Rhinobatidae），团扇鳐属（*Platyrhina*），本种在1801年由Bloch与Schneider所共同命名发表。中国团扇鳐有别于一般鱼类，是软骨鱼纲中的成员，属于软骨鱼类。

中国台湾的西部、北部以及澎湖的海域皆有中国团扇鳐的分布，喜欢栖息于具有沙泥底质的平坦海底，属于底栖性鱼类。食性为肉食性，以小鱼和甲壳类为食。

中国团扇鳐在台湾并非渔船主要的渔获物，常可在底拖网中捕获，虽在一般的市场不多见，但在渔港的市场较常见。烹饪的方式以红烧为主，也可切块以三杯的方式烹饪。

背鳍

中国团扇鳐的体形上下扁平，外观呈团扇形，具有两个体积不大的背鳍，第一背鳍与第二背鳍的大小及外观形状皆相同，背鳍位于尾柄上，两片背鳍皆十分接近尾鳍。尾鳍形状为圆形，尾柄两侧各具有一条皮褶，尾柄长，功能与其他鱼类的鳃相同，两侧肩部的位置各具有两对短棘。

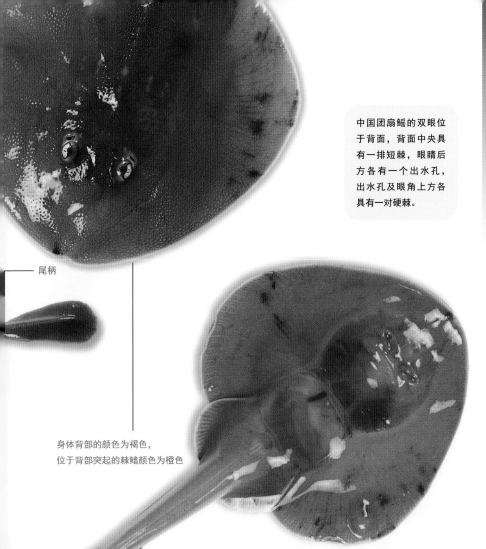

中国团扇鳐的双眼位于背面，背面中央具有一排短棘，眼睛后方各有一个出水孔，出水孔及眼角上方各具有一对硬棘。

尾柄

身体背部的颜色为褐色，位于背部突起的棘鳍颜色为橙色

中国团扇鳐的腹面扁平，具有鳃列，腹鳍外观呈叶状，口部也位于腹面，腹部颜色为白色。

下灰鲨 *Hypogaleus hyugaensis*

■ 别称：翅鲨

■ 外文名称：Western School Shark, Blacktip Tope Shark, Blacktip Houndshark, Blacktip Topeshark

下灰鲨在鱼类分类上属于真鲨目（Carcharhiniformes），皱唇鲨科（Triakidae），下灰鲨属（*Hypogaleus*），本种在1939年由Miyosi所命名发表。下灰鲨有别于一般鱼类，是软骨鱼纲中的成员，属于软骨鱼类。

在台湾只有东北部海域有下灰鲨的分布，大多在具有沙泥底质的近海沿岸活动，活动的水层以底层为主，属于底栖性鱼类。生殖上属于胎生鱼类，直接产出具有成鱼外观的幼鱼，每胎可产10尾左右的幼鱼。为肉食性，以鱼类和无脊椎动物为食。

下灰鲨属于高经济价值的软骨鱼类，身体各个部位几乎都可以利用，在台湾的捕获方式以底拖网、流刺网以及延绳钓为主。鱼肉可食用，在软骨鱼类中属于上等肉质，制作鱼肉的方式以红烧为主，另可加工腌制，此加工品在市场上被称为"鲨鱼烟"。

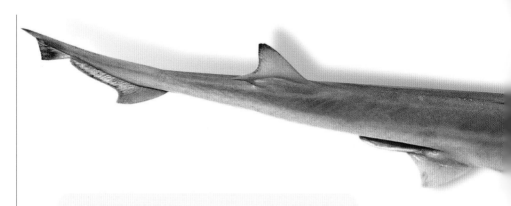

下灰鲨具有两个距离很远的背鳍，其外形相似，第二背鳍比第一背鳍小；腹鳍位于腹面，位置介于第一背鳍与第二背鳍之间；胸鳍大，胸鳍基部靠近于腹面；臀鳍小，外形呈三角形，几乎位于第二背鳍的正下方；尾鳍长，上叶十分发达，上叶比下叶长，尾鳍上叶靠近末端处的尾叶下方有三角形的突起。

下灰鲨的头部稍为扁平，身体横切面几乎呈半圆形，吻略长，口大且口裂呈弧形。

下灰鲨的体形长，腹部较为平坦，鳞片属于盾鳞。身体的颜色为灰褐色，腹部颜色较淡。

路氏双髻鲨 *Sphyrna lewini*

■ **别称**: 犁头沙

■ **外文名称**: Hammerhead Shark,Hammerhead,Scalloped Hammerhead

路氏双髻鲨在鱼类分类上属于真鲨目（Carcharhiniformes），丫髻鲛科（Sphyrnidae），双髻鲨属（*Sphyrna*），本种在1834年由Griffith与Smith所共同命名发表。路氏双髻鲨有别于一般鱼类，是软骨鱼纲中的成员，属于软骨鱼类。

路氏双髻鲨在台湾除了北部以外的海域都有分布，成鱼喜欢在大洋区的中上层水层活动，大多单独行动，繁殖季节时才会聚集在固定的区域繁殖后代，有时会有数量上百尾的成鱼聚在一起。幼鱼为群居性，会成群活动。路氏双髻鲨在生殖上属于胎生鱼类，直接产出具有成鱼外观的幼鱼，每胎可产15至30尾幼鱼，刚产下的幼鱼体长约55厘米。路氏双髻鲨的食性为肉食性，以各种鱼类、甲壳类以及软体动物为食。

路氏双髻鲨属于高经济价值的鱼类，身体各个部位几乎都可以利用，在台湾的捕获方式以底拖网、流刺网以及延绳钓为主。鱼肉可食用，料理鱼肉的方式以红烧为主，另可加工成腌制品，可加工制成鱼丸，肝脏可提炼丰富的维生素以及鱼油，鱼皮可加工成皮制品。

丫髻状的头部

眼睛

路氏双髻鲨的体形长且略为侧扁，头部前端扁平，并向两侧突出，呈丫髻状，眼睛位于丫髻状头部的最外端，口裂大，具有明显且数量多的尖齿，牙齿的形状为侧扁的三角形。具有两个背鳍，尾鳍的上叶比下叶大很多，上叶宽长且呈45度角上扬，靠近末端处的尾叶下方有小突起。胸鳍末端以及尾鳍下叶末端具有黑斑，背鳍尖端边缘为黑色。

条纹斑竹鲨的体形为延长的圆柱形，身体后半段逐渐侧扁，腹部较为平坦，吻端圆钝，眼睛位置接近头顶，不具有瞬膜，口部靠近腹部。背鳍两个，第一背鳍与第二背鳍外观与大小几乎相同，两个背鳍的鳍端圆钝；胸鳍大且位置十分接近腹部，是所有鱼鳍中最大的；腹鳍外形方正，位于胸鳍后方，但不超过第一背鳍；臀鳍小，几乎紧邻尾鳍的下叶，臀鳍与腹鳍之间的距离很长；尾鳍上叶不明显，下叶面积较上叶大。身体的颜色为褐色，另有数个环状的深色花纹，让条纹斑竹鲨看起来好像一节一节的，身体以及鱼鳍上都具有不规则的浅色斑点。

环状的深色花纹

条纹斑竹鲨 *Chiloscyllium plagiosum*

■ 别称：狗鲨

■ 外文名称：White-spotted Bambooshark

条纹斑竹鲨在鱼类分类上属于须鲛目（Orectolobiformes），天竺鲛科（Hemiscylliidae），斑竹鲨属（*Chiloscyllium*），本种在1830年由Bennett所命名发表。条纹斑竹鲨有别于一般鱼类，是软骨鱼纲中的成员，属于软骨鱼类。

台湾地区的西部以及北部海域皆有条纹斑竹鲨的分布，属于底栖性的小型鲨鱼，大多栖息在岩礁区或沿海海域。为卵生鱼类，每年的1月或2月是条纹斑竹鲨的交配季节，交配后陆续产卵，产卵期可持续到同年的6月，会分批产下外形如豆荚状的卵荚，卵2～4个月即可孵化。条纹斑竹鲨的食性为肉食性，以鱼类、甲壳类以及头足类为食。

条纹斑竹鲨是台湾重要的食用海鲜，其经济价值非常高，也是同属小型鲨鱼中最具经济价值的种类。捕捞的方式有底刺网、底拖网、底延绳钓以及笼具，在台湾地区沿海的鱼市场或在北部的活海产店都十分常见。除了可烹饪食用外，还可加工成鱼丸以及鲨鱼烟等加工食品。

117

狭纹虎鲨 *Heterodontus zebra*

■**别称：** 虎鲨

■**外文名称：** Zebra Bullhead Shark

　　狭纹虎鲨在鱼类分类上属于异齿鲛目（Heterodontiformes），异齿鲛科（Heterodontidae），异齿鲛属（*Heterodontus*），本种在1831年由Gray所命名发表。狭纹虎鲨有别于一般鱼类，是软骨鱼纲中的成员，属于软骨鱼类。

　　台湾几乎只在北部以及澎湖周围海域才有狭纹虎鲨的分布，属于底栖性的小型鲨鱼，大多栖息在岩礁区或沿海海域，为卵生鱼类。食性为肉食性，以鱼类、甲壳类以及头足类为食。

　　狭纹虎鲨在台湾的产量十分稀少而且也不稳定，偶尔会被渔民以延绳钓获，但经济价值较低，在市场上也不易看到，不过在一些展览性质的水族馆里是十分受欢迎的种类。

狭纹虎鲨的背鳍有两个，各具有一根明显的硬棘

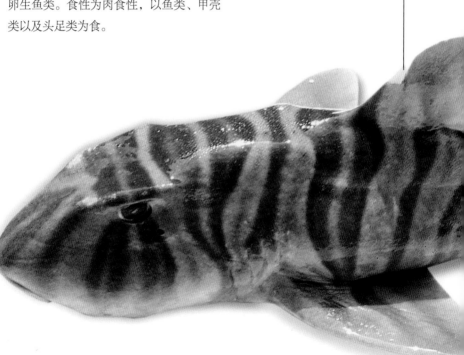

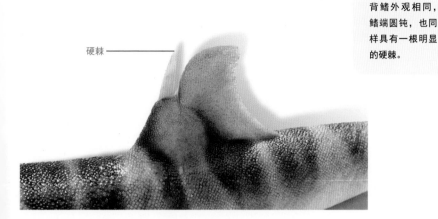

硬棘

第二背鳍与第一
背鳍外观相同，
鳍端圆钝，也同
样具有一根明显
的硬棘。

硬棘

狭纹虎鲨的体形为延长的圆柱形，身体后半段逐渐侧扁，
腹部较为平坦，吻端圆钝，不具有瞬膜，口部靠近腹部，
鳞片属于较粗糙的盾鳞。胸鳍大且位置几乎位于腹面，
是所有的鱼鳍中最大的。身体颜色为黄绿色，腹面颜色
为白色，身体具有深褐色不规则的横带，横带有粗有细。

短沟须鳎的体形侧扁，身体十分薄，体形特殊，外形如舌。两眼的间距短，位于同一平面；口较为明显，呈鱼钩状。有眼睛的体侧，鳞片属于细小的栉鳞；不具有眼睛的体侧，鳞片属于圆鳞；侧线两条，只位于具有眼睛的那一面体侧。背鳍基部长，尾鳍呈尖形，背鳍、腹鳍以及尾鳍连接在一起，鱼鳍几乎是围绕整只鱼的边缘，无法个别区分，不具有胸鳍。身体分为两侧，具有眼睛的体侧颜色为褐色；而另一侧颜色为灰色或白色，鱼鳍颜色比体色深。

两眼位于同一平面

短沟须鳎 *Paraplagusia blochi*

■别称：牛舌、鳎西　　■外文名称：Tonguefish

台湾地区俗称的"牛舌鱼"皆为舌鳎科（Cynoglossidae）鱼类的统称，牛舌鱼在鱼类分类上属于鲽形目（Pleuronectiformes），鲽亚目（Pleuronectoidei），舌鳎科（Cynoglossidae），本篇介绍的为须鳎属（*Paraplagusia*）及条鳎属（*Zebrias*），短沟须鳎在1851年由Bleeker所命名发表，格条鳎在1858年由Kaup所命名发表。

台湾四周海域皆有牛舌鱼的分布，主要栖息于具有沙泥底质的沿海海域，具有双眼的体侧朝上，不具双眼的那一侧称为盲侧，相当于一般鱼类的腹面，盲侧都是朝下的，但幼鱼期的体形与一般鱼类相似，随着成长两眼会逐渐移至同一体侧。为底栖性鱼类，常潜浮在海底等待猎物经过，因其身体的颜色与环境相似，因此具有伪装的效果。食性为肉食性，以底栖生物为食。

牛舌鱼因为是底栖性鱼类，因此捕获的方式以底流刺网和底拖网为主，偶尔延绳钓也可钓获，体形小的牛舌鱼大多被加工成鱼干，市场上称为"鳊鱼酥"，鳊鱼酥不仅是下酒的小菜，也可当作休闲食品。另外用鳊鱼酥来熬汤可熬出很好的汤底，体形较大些的牛舌鱼也可用油炸或红烧等方式料理。

深褐色的阶梯状条纹

外形如舌

蛾眉条鳎 *Zebrias quagga*

■ 别称：牛舌、鳎西

■ 外文名称：Fringefin Zebra Sole

蛾眉条鳎的体形侧扁，外形如舌，两眼间距短且皆位于同一平面，吻端钝且口小。有眼睛的体侧，鳞片属于细小的栉鳞，侧线单一且走向平直。背鳍基部长，尾鳍呈尖形，背鳍、腹鳍以及尾鳍连接在一起，有眼睛的体侧具有胸鳍，另一侧几乎没有胸鳍。具有眼睛的体侧，颜色为浅褐色，具有11条深褐色的阶梯状条纹。其分为两侧，没有眼睛的体侧，鳞片也同样属于栉鳞，颜色为白色。鱼鳍几乎围绕在整只鱼的边缘而无法个别区分。

单角革鲀 *Aluterus monoceros*

■别称：剥皮鱼、狄仔

■外文名称：Unicorn Leatherjacket(澳大利亚、新西兰),Unicorn Filefish(泰国),
Rough Leatherjacket,Triggerfish,Batfish,Filefish

单角革鲀在鱼类分类上属于鲀亚目（Teraodontoidei），单角鲀科（Monacanthidae），革鲀属（*Aluterus*），本种在1758年由Linnaeus所命名。

台湾四周海域皆有单角革鲀的分布，而以北部及东北部产量较多，通常在水面10米以下的海底活动，属于近海底栖性鱼类，幼鱼常出现于大洋区的漂浮物底下。食性为杂食性，藻类、无脊椎动物和软体动物皆是其摄食的对象。

单角革鲀在台湾全年皆可捕获，但以夏季及秋季之间产量最多，捕获方式以底拖网与定置网为主。由于单角革鲀的外皮极厚且粗糙，在食用前必须先去除鱼皮，因此有"剥皮鱼"之称，烹饪方式以油炸和烧烤为主。

体表十分粗糙

单角革鲀具有两个距离甚远的背鳍，第一背鳍位于眼睛上方的位置，第一背鳍呈棘状，细长而易断，第二背鳍基部长，位置约位于身体后半部，臀鳍位于第二背鳍正下方与第二背鳍相对应，尾鳍形状为内凹形。

第一背鳍呈棘状，细长而易断

单角革鲀的体形呈侧扁的长椭圆形，尾柄较细长且上下缘内凹，体表十分粗糙，身体鳞片细小且鳞片上有短棘直立。身体颜色为灰褐色，身上具有不明显的黄色斑块，除了尾鳍为深灰色外，其他鱼鳍皆为黄色。

拟态革鲀的体形为侧扁的长椭圆形，尾柄上下缘皆内凹，体表十分粗糙，身体鳞片细小且鳞片上有短棘直立。两个背鳍距离甚远，第一背鳍位于眼睛上方的位置，呈棘状，细长且易断，第二背鳍基部长，位置约位于身体后半部；臀鳍位于第二背鳍正下方与第二背鳍相对应；尾鳍形状为长圆形，随着成长，尾鳍会逐渐变长变大，占身体极大的比例，形状宛如扫帚。鱼体颜色为浅褐色且具有许多黑点与不规则的纹路，尾鳍颜色较深，其余鱼鳍皆为淡色。

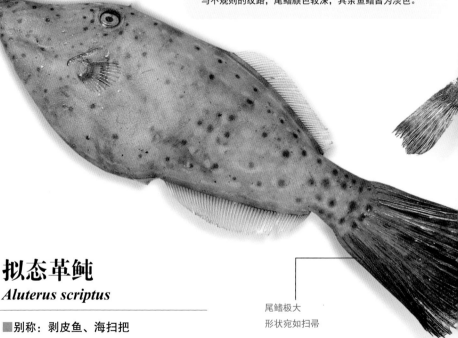

尾鳍极大
形状宛如扫帚

拟态革鲀
Aluterus scriptus

■ 别称：剥皮鱼、海扫把

■ 外文名称：Scrawled Filefish(美国加州),

　　　　　Scribbled Leatherjacket(澳大利亚、新西兰、泰国)

　　拟态革鲀在鱼类分类上属于鲀亚目（Teraodontoidei），单角鲀科（Monacanthidae），革鲀属（*Aluterus*），本种在1765年由Osbeck所命名发表。

　　台湾四周海域皆有拟态革鲀的分布，拟态革鲀大多栖息于沿岸海域，如岩礁区或潟湖，其特殊的外表以及颜色具有拟态的特性，常会躲藏于海草之间以躲避敌害。其食性为杂食性，以海草、无脊椎动物和水螅为食。

　　拟态革鲀在渔港的市场内比较容易看到，尤其以北部较多，捕捞的方式以围网及一支钓为主，因外皮极厚且粗糙，在食用前必须先去除鱼皮，因此同单角革鲀一样有"剥皮鱼"之称。烹饪方式以油炸和烧烤为主。

斑瞳鲬 *Inegocia ochiaii*

■ **别称：** 牛尾鱼、竹甲

■ **外文名称：** Flathead

斑瞳鲬的体形略为扁平，腹部扁平，背部隆起，整体外观呈圆锥形。腹鳍很大且明显，背鳍有两个，第一背鳍外形类似三角形，第二背鳍基部长，臀鳍与第二背鳍外观相同也互相对应，尾鳍小。身体颜色为黄褐色，身上具有数条暗色的纵带，以及不规则暗棕色斑点，鱼鳍具有黑色的圆斑。

斑瞳鲬在鱼类分类上属于鲬亚目（Platycephaloidei），鲬科（Platycephalidae），瞳鲬属（*Inegocia*），本种在1829年由Cuvier所命名发表。

台湾北部与西部的海域皆有斑瞳鲬的分布，为底栖性鱼类，栖息于具有沙泥底质的海床，体色很接近周围环境的颜色，是很好的保护色。食性为肉食性，以小型鱼类和甲壳类为食。

斑瞳鲬在台湾地区渔港的鱼市场中十分常见，虽然外形并不是很讨喜，但其肉质鲜嫩，也蛮受大众的喜爱。在台湾，捕获斑瞳鲬的方式以底拖网以及延绳钓为主，夏季为斑瞳鲬的主要产季。斑瞳鲬的烹饪方式变化多，新鲜的鱼可做成生鱼片，另外也可以油煎、红烧、煮汤或烧烤等方式烹饪。

下颌长于上颌

眼睛较大位于头顶

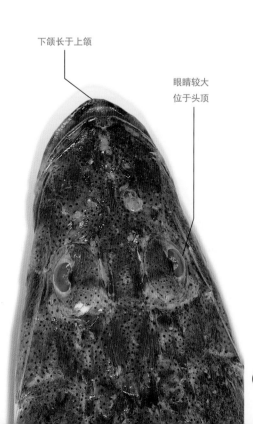

125

大口鰈 *Psettodes erumei*

■ 别称：左口、皇帝鱼

■ 外文名称：Indian Halibut(联合国粮食及农业组织、印度、泰国),Turbot(美国、加拿大),
Queensland Halibut(澳大利亚、新西兰),Turbot epineux-indien(法国),
Lenguado espinudo-indio (西班牙), False Halibut, Indian Spiny Turbot

大口鰈在鱼类分类上属于鰈亚目（Psettodoidei），鰈科（Psettodidae），鰈属（Psettodes），俗称"比目鱼"，本种在1801年由Bloch与Schneider共同命名发表。

台湾地区俗称的"比目鱼"，可分成鰈、鲽、鳎以及舌鳎四大类，在此有一简单的分辨方法可区分这几种：将比目鱼有眼睛的那一面朝上，背鳍在上臀鳍在下，然后观察鱼的头部是朝左还是朝右，头部朝向左边的为鰈或舌鳎，而朝右的则为鲽或鳎（部分变异个体除外）。而大口鰈属

于鰈类，因此它的头部是朝左边的。

比目鱼的体形特殊，具有双眼的体侧朝上，没有双眼的那一侧称为盲侧，相当于一般鱼类的腹面，盲侧都是朝下的，而幼鱼期的比目鱼，体形与一般鱼类相似，随着成长两眼会逐渐移至同一体侧。主要栖息于沙泥底质海域，为底栖性鱼类，大多分布于台湾地区西部海域以及澎湖海域。比目鱼常潜浮在海底等待猎物经过，因身体的颜色与环境相似，具有很好的伪装效果。其食性为肉食性，以甲壳类和小型鱼类为食。会随季节而迁移，春夏季大多栖息于较深的海底，秋冬季时会迁移至浅海海域。

比目鱼为底栖性鱼类，因此捕获的方式以底流刺网和底拖网为主，偶尔延绳钓也可钓获。由于比目鱼在秋冬季节时会迁移至浅海，所以比较容易被捕获，烹饪方式以油炸及红烧为主。

大口鰈的头部大且吻端钝，两眼间距短且皆位于同一平面，口裂大且倾斜，下颌比上颌突出

大口鳒的体形为侧扁的长椭圆形，身体的鳞片属于细小的栉鳞，鳞片边缘为齿状，侧线单一且明显，侧线只位于具有眼睛的那一面体侧。背鳍基部长，前10根鳍条为硬棘，其余为软鳍；臀鳍基部长，前两根鳍条为硬棘，其余为软条；腹鳍位于鳃盖下缘，第一根鳍条为硬棘，尾鳍形状为双截形。

大口鳒的身体分为两侧，具有眼睛的体侧颜色为黑褐色或深褐色，而另一侧颜色为灰色或白色。

少牙斑鲆 *Pseudorhombus oligodon*

■ 别称：鳊鱼、大地鱼
■ 外文名称：Roughscale Flounder

少牙斑鲆在鱼类分类上属于鲽亚目（Pleuronectoidei），牙鲆科（Paralichthyidae），斑鲆属（*Pseudorhombus*），本种在1854年由Bleeker所命名发表。

少牙斑鲆主要栖息于沙泥底质的海域，为底栖性鱼类，大多分布于台湾地区西部与南部海域，此外台湾地区的东北角海域也可发现。少牙斑鲆常潜浮在海底等待猎物经过，因身体的颜色与环境相似，因此具有伪装的效果。其食性为肉食性，以甲壳类和小型鱼类为食。会随季节而迁移，春夏季大多栖息于较深的海底，秋冬季时会迁移至浅海海域。

少牙斑鲆为底栖性鱼类，因此捕获的方式以底流刺网和底拖网为主，偶尔延绳钓也可钓获。因在秋冬季节会迁移至浅海，所以较易捕获。少牙斑鲆大多被加工成鱼干，市场上同须鳂一样被称为"鳊鱼酥"，鳊鱼酥不仅是下酒的小菜，也可当作休闲食品，另外用鳊鱼稣来熬汤可熬出很好的汤底，也可以油炸或红烧等方式烹饪。

少牙斑鲆的两眼皆位于同一体侧，口大

少牙斑鲆的体形为侧扁的卵圆形，背缘与腹缘皆呈弧形且互相对称，身体的两侧鳞片皆属于圆鳞，两侧皆具有完整的侧线，而侧线只在胸鳍上方有弯曲外，其余部分皆是平直的，在侧线变平直的位置具有一个大的黑斑。背鳍单一，起始于眼睛上方，背鳍环绕整个背缘，臀鳍也同背鳍，几乎环绕整个腹缘，背缘及背鳍与腹缘及臀鳍都是互相对称且外观几乎相同，尾鳍不大，外形呈楔形。具有双眼的体侧颜色为绿褐色，而另一侧为灰白色。

多鳞鱚 *Sillago sihama*

■ 别称：金鲹

■ 外文名称：Silver Sillago(美国加州),Northern Whiting(澳大利亚、新西兰),Sand Whiting, Lady's Finger(印度尼西亚),Silver Whiting(泰国),Puntung Damar,Bulus Bulus(马来西亚)

多鳞鱚在鱼类分类上属于鲈亚目（Percoidei），沙鲹科（Sillaginidae），沙鲹属（*Sillago*），本种在1775年由Forsskål所命名发表。

台湾地区四周海域皆有多鳞鱚的分布，尤其以西部的沙质沿岸及河口最常见，也可在红树林、内湾甚至淡水水域内发现其踪迹。多鳞鱚为底栖性鱼类，喜欢栖息于具有沙泥底质的沿岸水域，遇到危险时会潜入沙中躲避敌害。为杂食性，以多毛类、小虾、蟹及各种小型浮游动物为食。每年的3月为繁殖期，卵为浮性卵。

多鳞鱚在台湾是重要的海鲜鱼类，在台湾的夜市或海鲜店里也是十分常见的种类，因野生数量多，因此目前无人工养殖，捕捞方式以底拖网、流刺网为主，也是滩钓最常钓获的鱼种。多鳞鱚的烹饪方式以蘸粉油炸最为合适，另外也可清蒸及加工成鱼干，在港式料理中也常以煲粥的方式烹饪。

多鳞鱚的体形为稍侧扁的长圆柱形，吻端尖，眼中大。身体的鳞片为易脱落的小栉鳞，而脸颊两侧各具有2列圆鳞，有完整的侧线。有两个几乎紧邻的背鳍，第一背鳍由11根硬棘所组成，外观很像三角形；第二背鳍基部长，由1根硬棘与约22条软条所组成，臀鳍位于第二背鳍下方，尾鳍后缘平直或微凹，属于内凹形的尾形。身体颜色为略带土黄色的银灰褐色，腹部颜色为银白色，鱼鳍的颜色几乎都是透明的，尾鳍末端颜色较暗淡。

六带拟鲈 *Parapercis sexfasciata*

■别称：花狗母鱼　■外文名称：Grub Fish

　　六带拟鲈在鱼类分类上属于龙亚目（Trachinoidei），拟鲈科（Pinguipedidae），拟鲈属（*Parapercis*），本种在1843年由Temminck与Schlegel所共同命名发表。

　　台湾地区的东部海域、西部海域以及澎湖海域皆有六带拟鲈的分布，其体形小，喜欢栖息于沙泥底质的海底，属底栖性鱼类。食性为肉食性，以底栖的生物为食。

　　六带拟鲈在台湾全年皆可捕获，但渔获量不稳定也不多，常会被底拖网捕获，不过因为体形很小，因此经济价值不高。六带拟鲈可以油炸或红烧的方式制作，肉不多，但是风味还不错。

六带拟鲈的体形略为侧扁，身体较长，头大，眼大，两眼十分接近头顶，口偏下方，上颌略长于下颌。背鳍基部长，前四根鳍条为较短的硬棘；臀鳍基部长，外观与背鳍的后半部相同，尾鳍形状为楔形。身体颜色为带有点红褐的蛋清色，身体两侧皆有数条深褐色的横带，横带上端分叉，腹鳍颜色为褐色。

六带拟鲈的营养价值

根据台湾卫生机构的营养成分分析，每100克重的六带拟鲈所含的成分如下：热量90kcal，水分78.2克，粗蛋白18.6克，粗脂肪1.2克，灰分1.4克，碳水化合物0.6克，胆固醇103毫克，维生素B_2 0.05毫克，维生素B_6 0.11毫克，维生素B_{12} 0.97毫克，烟碱素1.40毫克，维生素C 1.8毫克，钠96毫克，钾291毫克，钙54毫克，镁33毫克，磷203毫克，铁0.3毫克，锌0.6毫克。

长蛇鲻 *Saurida elongata*

■别称：狗母鱼、那哥

■外文名称：Slender Lizardfish(美国加州),Saury(澳大利亚、新西兰),Shortfin Lizardfish

长蛇鲻在鱼类分类上属于帆蜥鱼亚目（Alepisauroidei），狗母鱼科（Synodontidae），蛇鲻属（*Saurida*），本种在1846年由Temminck与Schlegel所共同命名发表。"狗母梭"是所有蛇鲻属鱼类的俗称，而本文介绍的长蛇鲻为其较常见的种类。

全世界的热带、温带海域几乎都有长蛇鲻的分布，在台湾地区四周海域均有，而以西南部的海域最常见。喜欢栖息于具有沙泥底质的环境或礁岩区外围的沙地，属于底栖性鱼类，常会停滞于沙地上或潜入沙中。食性为肉食性，平时会潜入沙层中只露出眼睛，等候猎物经过时再迅速猎食。

在台湾全年皆可捕获长蛇鲻，而以夏季与秋季为盛产期，捕获方式以底刺网、底拖网和手钓为主。由于长蛇鲻的体形小，细刺多，加上捕获的产量不多，因此在市场上并不普遍，大部分所捕获的长蛇鲻都用于加工制成鱼松、鱼丸、鱼板或鱼浆等加工品，尤其最适合做成弹性十足的鱼丸，可说是鱼加工品最上等的材料。长蛇鲻虽然肉质细嫩，但可食用的部分不多，因此较适合蘸粉油炸或切姜片炖煮，另外也可将鱼切块油炸至酥黄，因其口感硬脆且不油腻，因此也是用来做羹汤的材料之一，在台湾南部的六甲就可吃到长蛇鲻油炸后所做的"狗母鱼羹"。

长蛇鲻的营养价值

根据台湾卫生机构的营养成分分析，同属于长蛇鲻的锦鳞蜥鱼，每100克的鱼肉成分如下：热量103kcal，水分76.1克，粗蛋白20.8克，粗脂肪1.6克，灰分1.3克，胆固醇50毫克，维生素B_1 0.11毫克，维生素B_2 0.08毫克，维生素B_6 0.27毫克，维生素B_{12} 1.34毫克，烟碱素4.01毫克，维生素C 0.8毫克，钠60毫克，钾451毫克，钙5毫克，镁33毫克，磷199毫克，铁0.3毫克，锌0.5毫克。

吻端钝且口裂大，
口内具利齿

长蛇鲻的体形呈瘦长的圆柱形，背鳍位于身体背部中央，身体鳞片属于较小的圆鳞，背鳍后方有一脂鳍，腹鳍与背鳍外形相似，尾鳍形状为叉形。身体颜色为暗褐色，越接近背部颜色越深，腹部颜色为白色，侧线上方有9块不明显的斑块，每个鱼鳍的鳍膜上皆有少许的淡橙色斑纹。

小鳍龙头鱼 *Harpadon microchir*

■ 别称：丝丁鱼、佃鱼、九肚鱼

■ 外文名称：Bombay-duck,Indian Bombay Duck, Bombil（美国加州、澳大利亚、新西兰、印度），Bummalow（泰国）, Snakefish

　　小鳍龙头鱼在鱼类分类上属于帆蜥鱼亚目（Alepisauroidei），狗母鱼科（Synodontidae），龙头鱼属（*Harpadon*），本种在1878年由Gunther所命名发表。而另一种与小鳍龙头鱼同属于狗母鱼科的印度镰齿鱼（*Harpadon nehereus*），其外观与小鳍龙头鱼十分相似，印度镰齿鱼学名为龙头鱼，在民间也有"龙口鱼"之称。

　　陈兼善、于名振的《台湾脊椎动物志》指出，小鳍龙头鱼在台湾地区只产于东港，为东港的特产，肉质细嫩有如豆腐，入口即化，且含有丰富的钙质，不过非常容易因自体消化而腐败，必须以活鱼的方式供应，所以只有在东港才吃得到。虽然小鳍龙头鱼的体长可达70厘米，但市场上贩卖的通常只有20多厘米而已，在东港当地是十分受欢迎的食用鱼类，价格便宜，烹饪容易，又十分适合给老人小孩食用养生，因此深受当地家庭主妇的喜爱。各种烹饪方式皆可，但在台湾最常以油炸、煮汤或煮面煮粥等方式制作。

印度镰齿鱼与小鳍龙头鱼同属狗母鱼科，外形十分类似。

小鳍龙头鱼的营养价值

根据台湾卫生机构的营养成分分析，每100克重的小鳍龙头鱼所含的成分如下：热量49kcal，水分87.8克，粗蛋白10.4克，粗脂肪0.5克，灰分1克，胆固醇56毫克，维生素 B_1 0.04毫克，维生素 B_2 0.03毫克，维生素 B_6 0.01毫克，维生素 B_{12} 1.05毫克，烟碱素0.58毫克，维生素C 0.8毫克，钠192毫克，钾160毫克，钙15毫克，镁110毫克，磷29毫克，铁0.7毫克，锌0.4毫克。

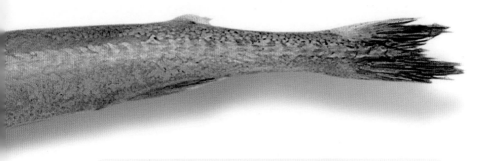

小鳍龙头鱼的体形长，略为侧扁，鱼体柔软，眼小，距吻端近，口裂大且略为倾斜，口裂延伸达眼后，下颌略长于上颌。口内的牙尖锐，似针状。身体前半部大部分光滑，不具鳞片，后半部有细小的鳞。背鳍两个，第一背鳍位于身体中央，背鳍大且高，第二背鳍较接近尾部，十分小，腹鳍位于第一背鳍正下方的位置，正好与其相对应。身体的背面呈暗褐色，腹面为白色。

红裸颊鲷 *Lethrinus rubrioperculatus*

■ 别称：龙尖、银针

■ 外文名称：Red-eared Emperor, Spotcheek Emperor, Red-gilled Emperor

台湾地区俗称的"龙针"是所有龙占鱼科鱼类的俗称。龙针在鱼类分类上都属于鲈亚目（Percoidei），龙占鱼科（Lethrinidae），龙占鱼属（*Lethrinus*），全世界的龙占鱼科约有38种，在中国台湾约有18种，本文介绍的中文种名为"红裸颊鲷"，本种在1978年由Sato所命名发表。

台湾地区四周海域皆有龙针的分布，而红裸颊鲷在台湾只分布于东部与南部海域，其栖息的范围很广阔，沿海海域的岩礁区与浅海区都有其踪迹，喜欢单独行动，偶尔会聚集成小群体活动。红裸颊鲷在幼鱼期时栖息于较浅的沿岸海域，随着成长会逐渐游向较深或其他的海域。红裸颊鲷的体色可以迅速改变，每当遇到危险时便会迅速改变体色以躲避敌害，当危机解除后又可迅速变回原本的体色。食性为肉食性，常以小型鱼类、甲壳类以及软体动物为食。

台湾市场上将龙占鱼科的鱼类统称为龙针，因此我们所称的"龙针"其实包含了许多种类，较常见的种类包括青嘴龙针、一点龙针、单斑龙针与红鳃龙针等。其中青嘴龙针是台湾有养殖的龙占鱼科种类，是箱网养殖的鱼种之一。不过其他种类的龙针也常被渔民捕获在市场上贩售，一般渔民捕捞龙针的方式有延绳钓、拖网、刺网以及手钓。

龙针因外形极具帝王之相，而中国一直以"龙"为帝王的象征，因此才将具有帝王之相的鱼称为"龙针"，而英文名称也是不约而同有"皇帝鱼"的意思。龙针属于中大型的高级食用鱼类，其肉质鲜嫩细致且多汁，不论是油煎、炭烤、清蒸或是煮汤，都十分适合用来料理龙针，尤其以清蒸或煮汤的方式来料理，最能显现出龙针的美味。

侧线十分明显

颊部不具有鳞片

体形侧扁，有点呈梯形

横带髭鲷的体形侧扁，有点呈梯形，因背部高且背缘较为平直，头顶平直且倾斜，吻端钝，上下颌长度相等。覆盖身体的鳞片属于较小的栉鳞，具有与背缘几近平行的侧线。背鳍只有一个，硬棘部与软条部之间明显下凹，第一与第二硬棘短小，第三根硬棘最长；臀鳍外形与背鳍的软条部相似，位置也与其相对应；尾鳍形状呈圆形。身体颜色为淡褐色，体侧具有6条深褐色的粗带，背鳍与臀鳍的硬棘处为黑色或灰褐色，软条部颜色为浅黄色，尾鳍颜色也为浅黄色，尾鳍、背鳍以及臀鳍的末端边缘有黑边，胸鳍与腹鳍颜色为黑色。

横带髭鲷
Hapalogenys analis

■别称：打铁婆　　■外文名称：Sweetlip

横带髭鲷在鱼类分类上属于鲈亚目（Percoidei），仿石鲈科（Haemulidae），髭鲷属（*Hapalogenys*），本种在1850年由Eydoux与Souleyet共同命名发表。

台湾地区四周海域皆有横带髭鲷的分布，但台湾南部较少见，具有群游的习性，主要在岩礁区边缘活动，也会栖息在沿海的沙泥底质海域，属于夜行性鱼类，白天在岩礁区的岩洞或石缝中休息，晚上才开始活动或觅食。食性为肉食性，以小型鱼类以及底栖动物为食。

横带髭鲷为十分美味的海产食用鱼类，全年皆可捕获，而以每年的11月至隔年1月或2月份产量最多，在台湾捕获的方式以底拖网、刺网以及底延绳钓为主。适合以各种方式烹饪。

◀红裸颊鲷的体形为稍侧扁的长椭圆形，吻端尖且较长，两眼之间稍微突起，颊部不具有鳞片，为此科的特征，因此龙占鱼科另有"裸颊鲷科"之称，侧线十分明显。背鳍单一，背鳍几乎都是硬棘，棘条之间间距大，臀鳍具有硬棘，尾鳍形状为叉形，尾叶末端尖。身体颜色为橄榄绿褐色，越靠近腹部，颜色越浅，体侧具有不规则的斑纹，颊部有一浅红色圆斑。

褐蓝子鱼 *Siganus fuscescens*

■**别称：** 臭肚、象耳、泥鲢

■**外文名称：** Doctor Fish,Fuscous Spinefoot,Rabbitfish(澳大利亚、新西兰),Dusky Spinefoot

　　褐蓝子鱼在鱼类分类上属于刺尾鱼亚目（Acanthuroidei），蓝子鱼科（Siganidae），蓝子鱼属（*Siganus*），本种在1782年由Houttuyn所命名发表。

　　台湾四周海域皆有褐蓝子鱼的分布，有群游的习性，在近海海域、岩礁区、潟湖甚至河口都有其踪迹，喜欢平坦且具有沙泥底质的海域或珊瑚礁区，白天会四处觅食活动，晚上大多会在栖息水域的底层休息。食性为杂食性，以附着性藻类和底栖无脊椎动物为食，鱼鳍的硬棘尖锐且具有毒腺。繁殖季节约在6月至8月，交配时间大多发生在夜晚或凌晨。

　　褐蓝子鱼是台湾地区十分常见的海产鱼类，全年皆可捕获，在金山或野柳一带称为"臭肚仔"或"茄苳仔"，而在澎湖则称为"羊婴仔"或"羊锅"，基隆称为"象鱼"，在大陆也称"黎艋"。台湾南部及澎湖也有养殖，而台湾地区捕获野生褐蓝子鱼的方式有手钓、拖网与围网等，在繁殖期过后不久会捕抓幼鱼，并以盐渍方式将长约1.2厘米的幼鱼浸泡加工，金山及野柳等地的特产"茄苳仔"就是以褐蓝子鱼的幼鱼盐渍做成的加工品，这种加工品是吃稀饭最好的配菜。而体形较大的褐蓝子鱼则可以煮汤或烧烤等方式料理，甚至可以做成生鱼片。不过褐蓝子鱼几乎以藻类为食，因此肠道有很浓的藻腥味，处理过程中如果将肠道弄破，鱼肉也会有藻腥味而影响肉质的美味；此外鱼鳍有毒腺，所以在清理鱼身时需要特别留意小心。

褐蓝子鱼的体形呈侧扁的长椭圆形，背缘及腹缘的曲线皆呈弧形，尾柄细长，头小，眼大，上颌比下颌长。身体鳞片属于圆鳞，两颊的前面部分具有鳞，而喉部中线则不具鳞片，侧线完整。鱼体颜色为褐绿色，靠近背部的颜色较深，往腹部则逐渐变为银白色，体侧具有白色圆点，侧线以上圆点大，侧线以下圆点小，鳃盖后上方有一个十分模糊的斑块。

臀鳍长度约只有背鳍的一半

褐蓝子鱼的背鳍单一且基部长，几乎由硬棘所构成，臀鳍外形类似背鳍，但基部长度只有背鳍的一半，尾鳍形状为内凹形且末端稍有分叉，随着生长其分叉会越来越明显。

体侧具有白色圆点

褐蓝子鱼的营养价值

根据台湾卫生机构的营养成分分析，每100克重的褐蓝子鱼所含的成分如下：热量164kcal，水分69.4克，粗蛋白19.9克，粗脂肪8.8克，碳水化合物0.6克，灰分1.3克，胆固醇66毫克，维生素B_1 0.25毫克，维生素B_2 0.14毫克，维生素B_6 0.47毫克，维生素B_{12} 12.40毫克，烟碱素6.22毫克，维生素C 0.8毫克，钠52毫克，钾434毫克，钙19毫克，镁259毫克，磷36毫克，铁1.0毫克，锌0.7毫克。

大口黑鲈的体形呈纺锤形，口甚大，因此有"大口鲈"之称，下颌比上颌长，有完整且平直的侧线。两个背鳍，第一背鳍由10条硬棘构成，第二背鳍由软鳍条构成，臀鳍形状与第二背鳍相似，且位于第二背鳍正下方。身体颜色为淡绿褐色，背部颜色较深，为墨绿色或淡黑色，腹部颜色较淡，有点偏白色或淡黄色，侧线下方有不规则的暗色斑相连而成的黑色纵带。

大口

大口黑鲈
Micropterus salmoides

■ **别称：** 美洲鲈

■ **外文名称：** Largemouth Bass

大口黑鲈在分类上属于鲈亚目（Percoidei），棘臀鱼科（Centrarchidae），黑鲈属（*Micropterus*），本种于1802年由Lacepede所命名发表。

大口黑鲈的原产地是北美洲的淡水河川，现今全美各州的淡水湖泊和河川皆有大口黑鲈的踪迹，但较少出现于小型溪流。中国台湾原本不产大口黑鲈，后来才由北美引进饲养。属于广温性鱼类，生命力及适应力很强，可在所有的淡水水域环境中生活，温度的适应范围为2~34℃，而以12~30℃最适合其生长。食性为肉食性，以捕食小鱼及昆虫为食，凶猛且贪食。

大口黑鲈只产于北美，早期台湾地区的鲈鱼只有七星鲈及红目鲈，而为了开发新的养殖种类，才于1975年由美国加州引进，刚开始是在屏东养殖，经过相关单位及养殖业者的努力，逐步建立养殖技术，使种苗能够稳定供应，也因此大口黑鲈的养殖才逐渐普遍。养殖的大口黑鲈在台湾地区的繁殖季节约在1月至4月，现今繁殖技术已可使其自然产卵，但鱼苗有相互蚕食的习性，因此必须不断依体形大小分养，以降低饲养密度。大口黑鲈属于外来种鱼类，但在养殖过程中有些鱼流入台湾自然河川水域中，现在一些水库或河川也可钓获，因食性凶猛，适应力强，对台湾原始的河川生态造成不小不良的影响。

市面上的大口黑鲈大多以活鱼或冷藏鲜鱼的方式在市场上贩售，因其细刺少、肉质鲜美，深受消费者的喜爱，烹饪方式以清蒸及红烧为主。大口黑鲈不只供人食用，也可以推广为休闲渔业供人垂钓。

尖吻鲈
Lates calcarifer

■**别称：** 盲槽、金目鲈

■**外文名称：** Giant Perch,Barramundi, Cock-up(澳大利亚、新西兰、泰国),Bhekti(印度尼西亚), Siakap(马来西亚),Perche barramundi (法国),Perca gigante(西班牙)

尖吻鲈的体形为侧扁的长椭圆形，背缘稍微隆起，腹缘平直，下颌比上颌突出。身体的鳞片属于栉鳞，侧线完整且明显，侧线走向几乎与背缘平行。背鳍单一，背鳍的硬鳍与软鳍之间有明显下凹，第一背鳍硬棘条较粗，外观呈三角形；第二背鳍末端圆钝，臀鳍外形偏圆，尾鳍形状为圆形。身体颜色为银褐色，背部颜色较深呈深褐色，鱼鳍颜色较深呈灰黑色。

尖吻鲈在鱼类分类上属于鲈亚目（Percoidei），锯盖鱼科（Centropomidae），尖吻鲈属（*Lates*），本种在1790年由Bloch所命名发表。

尖吻鲈在台湾主要分布于西部及南部地区，大多栖息于半淡咸水区，例如河口，但也有些尖吻鲈会进入河川中下游或进入海中生活，因此在近海海域、岩礁区、潟湖、河口以及河川下游皆有其踪迹，属于广温广盐性鱼类，对环境的适应力非常强。食性为肉食性，性凶猛且贪食，以鱼类和甲壳类为食。

尖吻鲈为台湾十分常见的食用鱼类，也是台湾较早被食用的鲈鱼之一，早期皆是捕获野生的尖吻鲈，因此价格十分昂贵，当时捕获的方式以刺网为主，全年皆可捕获。但现在市面上所见的尖吻鲈都是人工养殖的，因此价格十分亲民。尖吻鲈的养殖技术已十分成熟，养殖场大多集中于中南部地区，可以在纯淡水、纯海水或半淡咸水的环境中饲养，而台湾地区目前皆以纯淡水养殖的方式为主。偶尔渔船还是可以捕获野生的尖吻鲈，其蛋白质含量十分丰富，在民间也大多认为能促进伤口的愈合。在烹饪尖吻鲈时需要特别小心鱼鳍的硬棘，一不小心会被刺伤，尤其是在抓拿活鱼时要更加小心。在台湾烹饪方式以清蒸和红烧为主，另外也可以油煎的方式烹饪。

六带鲹 *Caranx sexfasciatus*

■ **别称：** 甘仔鱼

■ **外文名称：** Six-banded Trevally, Bigeye Trevally

　　六带鲹在鱼类分类上属于鲈亚目（Percoidei），鲹科（Carangidae），鲹属（*Caranx*），本种在1825年由Quoy与Gaimard所共同命名发表。

　　台湾四周海域皆有六带鲹的分布，栖息范围广阔，岩礁区、河口、潟湖以及近海沿岸皆有其踪迹，但主要还是以岩礁区外围空旷的水域为主，幼鱼大多出现在沿岸或河口，成鱼具有群游的习性。食性为肉食性。

　　六带鲹在台湾属于十分常见的鱼类，产量多而且分布范围广，几乎各地的鱼市场皆可发现，捕获的方式以延绳钓、定置网、流刺网和一支钓为主，钓客有时也可在沿岸钓获。六带鲹的烹饪方式以油煎、红烧、清蒸和盐烤为主，有些体形大的六带鲹，市场的鱼贩会先切块后再出售，也可以加工成腌制品或盐制品。

侧线走向十分特殊
后半段较平直的侧线皆是棱鳞

　　六带鲹的体形为侧扁的长椭圆形，背缘与腹缘皆呈弧形，腹缘曲线较平缓，随着鱼龄的增长，体形会逐渐变长。吻端钝，口裂稍微倾斜，身体的鳞片属于圆鳞。侧线完整且明显，侧线走向十分特殊，侧线由鳃盖上缘开始并与背缘平行，至背鳍下方开始下降至体侧中央，然后走向平直至尾柄结束，后半段较平直的侧线皆是棱鳞。背鳍有两个，第一背鳍基部短且呈三角形，第二背鳍基部长，前端鳍条长且呈三角形，臀鳍的外形与背鳍相同且位置也与第二背鳍相对应，胸鳍长且呈镰刀状，腹鳍小，外形呈三角形，尾鳍形状为深叉形。体色随着鱼龄而略有不同，身体的背部颜色最深，呈蓝绿色，体侧则多为褐色，腹部银白色。

真赤鲷的体形为侧扁的椭圆形，头部的比例较大，口小且吻端较钝，身体的鳞片是较薄的栉鳞，有完整且明显的侧线。背鳍具有明显的硬棘，臀鳍及腹鳍的比例较小，腹鳍第一根为较粗的硬棘，而胸鳍较长，尾鳍形状为叉形。野生真赤鲷的身体呈红褐色，有些个体略带金黄色，靠近背鳍的地方颜色较深，鱼的腹部为白色，而人工养殖的体色较黑。

真赤鲷 *Pagrus major*

■别称：赤鯮、嘉鱲

■外文名称：Red Sea Bream,Silver Seabream,Porgy(美国加州)

有"海鲜之王"美誉的真赤鲷在鱼类分类中属于鲈亚目（Percoidei），鲷科（Sparidae），赤鲷属（*Pagrus*），本种在1843年由 Temminck 与 Schlegel 所共同命名发表。

真赤鲷在台湾是十分重要的高级海鲜，也是海水箱网养殖的重要鱼种之一。台湾市场上所见的真赤鲷，大多是人工养殖的，其次是野生捕获的，养殖方式以箱网养殖为主，其次是陆上池塘养殖。真赤鲷对盐度的变化适应力很好，因此不用担心盐度问题。早期养殖的鱼苗都是捕抓野生的鱼苗，而目前养殖的种苗来源几乎都是人工繁殖的种苗，但人工饲养的真赤鲷体色较黑，不像野生的鲜艳漂亮，所以市场上价格总比野生真赤鲷来得低。

养殖及繁殖技术的开发，使真赤鲷在市场上越来越普遍，让原本高级的海鲜十分平价。真赤鲷的食用方式以烤鱼的方式最常见，而日本人则喜欢以生鱼片的方式来处理新鲜的真赤鲷，其他以真赤鲷为食材的美食有蛋黄煎鱼、醋椒真赤鲷、清蒸真赤鲷、橘汁真赤鲷等。

石斑 *Epinephelus* sp.

■ 别称：过鱼　　■ 外文名称：Rockcod, Grouper

　　所有称为石斑的鱼类都属于鲈亚目（Percoidei），鮨科（Serranidae），而最常被称为石斑的种类包括以下这几属：石斑鱼属（*Epinephelus*）、九棘鲈属（*Cephalopholis*）、侧牙鲈属（*Variola*）、光腭鲈属（*Anyperodon*）、鳃棘鲈属（*Plectropomus*）。鱼市场中所说的石斑鱼几乎都是指石斑鱼属这一类的石斑，这一属的石斑体形类似，外形也差异不大，本篇就以石斑鱼属来做介绍。

　　台湾地区的西部以及南部海域皆有石斑的分布，石斑喜欢单独活动，不喜群居，晚上在岩礁旁活动，白天则会藏于岩缝或岩洞内休息，生性凶猛贪食，因此有"海中严窟王"之称。通常石斑只有在繁殖期时才会一起活动，石斑具有性转变的特性，属于先雌后雄的鱼类，雌鱼会随着成长而逐渐变性为雄鱼。石斑为肉食性鱼，常在早晨或是傍晚时觅食，以小型鱼类及甲壳类为食，同种之间有相互蚕食的习性，在幼鱼期蚕食现象特别明显。

　　石斑的经济价值非常高，属于高级的食用海产鱼类，目前有数十种石斑鱼已经可完全人工养殖，几种价格十分高的石斑也陆续繁殖成功，市场上所见的石斑鱼几乎都是人工养殖的。而野生石斑的捕抓方式有底拖网、钓获、夜间潜水捕抓或以鱼枪猎杀，石斑也是钓客最喜爱的钓获鱼

种之一，目前市场上野生捕捞的石斑较少见。新鲜的石斑烹饪方式以清蒸和红烧最能表现出石斑的美味。根据台湾行政机构最新公布的资料，台湾地区的石斑鱼年产值为新台币23亿元，全球市场占有率高达42%，成绩傲人。

> 石斑的体形多半十分类似，外形也差异不大。其共同特征之一是有厚厚的嘴唇，下颌明显长于上颌，相当容易辨识。

口大且唇厚

石斑的体形为侧扁的长椭圆形，头顶至背鳍基部略为倾斜，吻端钝，口大且唇厚，口裂倾斜，鳃盖后方具有扁棘。身体鳞片属于细小的栉鳞，具有完整的侧线。背鳍单一且基部长，背鳍前三分之二为硬棘，后三分之一为软条，硬棘部与软条部之间无下凹，臀鳍圆，位于肛门后方，胸鳍外形为圆形，尾鳍形状为圆形。体色多样，背部颜色较深，腹部颜色较淡，体侧、背鳍、臀鳍以及尾鳍皆有深色斑点分布，有的在体侧还具有不明显的斜暗带。

披肩䲢 *Ichthyscopus lebeck*

■别称：大头丁、向天虎

■外文名称：Longnosed Stargaze

　　披肩䲢在鱼类分类上属于鲈形目（Perciformes），龙䲢亚目（Trachinoidei），䲢科（Uranoscopidae），䲢属（*Ichthyscopus*），本种在1801年由Bloch与Schneider所共同命名发表。

　　披肩䲢在台湾地区主要分布于西部与北部海域，喜欢栖息在平坦且具有沙泥底质的海床，属于底栖性鱼类，常会将身体埋在沙层中，只露出两个眼睛等待捕食经过的猎物，活动力较差。食性为肉食性，以鱼类、甲壳类以及软体动物为食。

　　披肩䲢在北部较常见，捕获方式以底拖网为主，捕获量不算多，也是只有在渔港内才看得到的鱼种。台湾烹饪披肩䲢的方式是以煮汤为主。

大部分的头部面积都属于鳃盖的部分

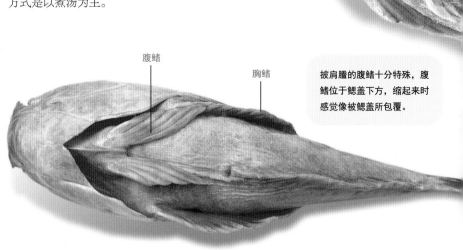

腹鳍

胸鳍

披肩䲢的腹鳍十分特殊，腹鳍位于鳃盖下方，缩起来时感觉像被鳃盖所包覆。

眼小，位于头顶

披肩䲢的体形几乎呈圆桶形，头部最粗而后逐渐变窄，头部的比例非常大。

体侧上半部具有白色的不规则斑纹

口部十分大

披肩䲢的外形特殊，大部分的头部面积都属于鳃盖的部分，口部与眼部集中于头部前端的小区域内，眼小，位于头顶，口部十分大，口裂是垂直的，因此披肩䲢的样子看起来很严肃。侧线位置偏高，背鳍基部长，背鳍的高度短，腹鳍基部长，腹鳍与背鳍相对应且外形也与背鳍相同，胸鳍很大，尾鳍形状为截形。背部的颜色为褐色，越接近腹部颜色越淡，腹部颜色为白色，体侧上半部具有白色的不规则斑纹，斑纹大多呈圆形或哑铃形，越靠近背部斑纹越明显，而斑纹只有身体体侧上半部与胸鳍才有，胸鳍颜色为黄色。

体侧具有大小不一的圆形
或椭圆形的黑色斑点

金钱鱼
Scatophagus argus

■ 别称：金古

■ 外文名称：Spotted Scad,
Spotted Butterfish(澳大利亚、新西兰),Common Spadefish(泰国)

金钱鱼的体形侧扁且略呈方形，背鳍起点开始至吻端成一斜面，口小且略尖，上下颌长度约相等。鱼体上的鳞片属于小片的栉鳞，侧线完整且几乎与背缘互相平行。背鳍前半段为硬棘，后半段皆为软条，背鳍的后半段软条部外观形状圆钝，臀鳍位置约位于背鳍软鳍处正下方的位置，臀鳍前四条鳍条为短且坚硬的硬棘。身体颜色为褐色，背部颜色很深，腹部颜色为略带银色光泽的白色。

　　金钱鱼在鱼类分类上属于刺尾鱼亚目（Acanthuroidei），金钱鱼科（Scatophagidae），金钱鱼属（*Scatophagus*），本种在1766年由Linnaeus所命名。

　　台湾四周海域皆有金钱鱼的分布，金钱鱼大多栖息于盐分较低的海域，如河口、红树林、潟湖、内湾等，而近海沿岸或岩礁区等纯海水的海域也可发现其踪迹。金钱鱼对盐分的适应力极佳，属于广盐性鱼类。食性为杂食性，多以小型动物为食。

　　金钱鱼是台湾鱼市场十分常见的食用鱼种，早期仰赖野生捕抓，现今台湾南部地区也已进行人工养殖，养殖时多与其他经济鱼种混养。野生金钱鱼的捕捞方式大多以底拖网以及手钓为主，春夏为其盛产期。金钱鱼的烹饪方式以油煎和煮汤为主，不过金钱鱼的背鳍与臀鳍的硬棘十分尖锐且具有毒性，因此在处理时需要特别小心。金钱鱼的幼鱼外观颜色蛮特殊的，因此也曾有人将其当成观赏鱼饲养或贩卖。

Black

A MARKET GUIDE TO FISHES & OTHERS

【黑色鱼族】

非鲫 *Oreochomis* sp.

■ **别称：罗非鱼**　　■ **外文名称：Tilapia**

　　大多数的非鲫属于隆头鱼亚目（Labroidei），丽鱼科（Cichlidae），口孵非鲫属（*Oreochomis*），俗称罗非鱼。

　　罗非鱼是由外部引入台湾而非台湾地区的原生种，可在淡海水环境下存活，淡水环境的适应力非常好，河川、湖泊甚至都市的排水沟都有罗非鱼的踪迹。罗非鱼原产于非洲，属于湖产慈鲷，全世界共有100多种，某些种类的罗非鱼在繁殖前雄鱼会挖掘底土筑巢，将底土筑成盆状的巢，具有很强烈的领域性，会固守其地盘，当有其他鱼进入地盘时，便会张口威吓并驱赶入侵者。繁殖时雄鱼与雌鱼会一同待在盆状的巢里，受精卵由雌鱼含在口内负责保护，幼鱼孵化后会一直待在雌鱼口里，每当外面安全时，雌鱼会将幼鱼吐出来活动一下，一旦有危险时，雌鱼会迅速将幼鱼含在口里。

　　罗非鱼是由非洲引进的外来鱼种，在1946年由吴振辉及郭启彰两位先生从新加坡首次引入，为了纪念两位前辈，而以其姓氏来命名，因此取名为"吴郭鱼"，当时引进的吴郭鱼称为"在来种吴郭鱼"或"土种吴郭鱼"，约有15种之多，而经过专家与业者的改良，也发展出许多成长快速、肉多且易饲养的罗非鱼。早期引进的罗非鱼因育种的需要，再加上每一品种之间很容易杂交繁殖，因此现在市面上或到处可见的罗非鱼都是杂交种的罗非鱼，较纯种的罗非鱼只有在相关研究单位才能看得到。

　　市面上贩售的罗非鱼都是人工养殖的，通过研究单位与从业者的努力，培育出优质且更适合养殖的罗非鱼，加上养殖技术的改进，使罗非鱼得以大量养殖。罗非鱼可说是台湾地区最常见也最普遍的食用鱼，也是家喻户晓的鱼类，因其肉多且几乎无刺，加上容易购买、价格低廉等优点而深受大众的喜爱。罗非鱼也替台湾地区增加了不少收入，活鱼、鱼排外销世界各处，而为了将台湾的优质罗非鱼推广到全世界，于是将罗非鱼另称为"台湾鲷"。罗非鱼的烹饪以油煎为主，也可以红烧的方式烹饪，几乎所有的烹饪方式都十分适合用来制作罗非鱼。

（▲ 尼罗罗非鱼）

有些品系的罗非鱼嘴唇会明显翘起，身体的鳞片属于栉鳞，鳞片大，侧线完整且平直。单一背鳍，背鳍基部长，硬棘部与软条部之间无下凹，背鳍末端鳍条延长，臀鳍外观与背鳍的软条部相似，胸鳍与腹鳍略长，尾鳍形状为截形。

非鲫的营养价值

根据台湾卫生机构的营养成分分析，每100克重的吴郭鱼所含的成分如下：热量106kcal，水分77克，粗蛋白20.1克，粗脂肪2.3克，灰分1.1克，胆固醇65毫克，维生素B_1 0.01毫克，维生素B_2 0.08毫克，维生素B_6 0.38毫克，维生素B_{12} 2.09毫克，烟碱素2.42毫克，维生素C 4.25毫克，钠37.3毫克，钾402毫克，钙7毫克，镁33毫克，磷179毫克，铁1毫克，锌0.5毫克。

（▲ 奥里亚罗非鱼）

罗非鱼的体形为侧扁的椭圆形，背缘呈弧形，吻端钝且唇厚，身体颜色以黑褐色为主，背部颜色较深，体色会因环境与种类而异，通常体色会变得更深或更浅，有时甚至呈灰白色，腹部颜色为银白色。鱼鳍大多数有灰白色的小点，小点则排列成线状，体侧大多具有暗色的粗横带，尤其当鱼受惊吓时特别明显。

海水罗非鱼的体形为侧扁的椭圆形,背缘呈弧形,吻端钝且唇厚,有些品系的罗非鱼甚至嘴唇会明显翘起。身体的鳞片属于栉鳞,鳞片大,侧线完整且平直。单一背鳍,背鳍基部长,硬棘部与软条部之间无下凹,背鳍末端鳍条延长,臀鳍外观与背鳍的软条部相似,胸鳍与腹鳍略长,尾鳍形状为截形。海水罗非鱼的体色比一般罗非鱼要黑很多,且略带光泽,体形会比一般罗非鱼来得小,甚至略瘦小。

海水罗非鱼 *Oreochromis sp.* ■别称:吴郭鱼

将罗非鱼饲养在具有盐分的水中就成了"海水罗非鱼",海水罗非鱼与一般罗非鱼一样属于隆头鱼亚目(Labroidei),丽鱼科(Cichlidae),口孵非鲫属(*Oreochromis*)。

海水罗非鱼与一般淡水罗非鱼都是同一种鱼类,只是因生活环境的差异而使两者的肉质和外形有些差异。海水罗非鱼是指生活在半淡咸水或纯海水中的罗非鱼,因海水盐分的关系使海水罗非鱼有别于一般的淡水罗非鱼,其价格也比一般的罗非鱼高些。罗非鱼在海水的环境下生长较为缓慢,因此养殖业者通常将罗非鱼在淡水环境中饲养一段时间后,再移到海水中养殖,如此可使罗非鱼在淡水环境下快速成长,而移到海水中则使其肉质更加细嫩。

海水罗非鱼的肉质比一般罗非鱼细嫩许多,因此深受大众的喜爱。许多种类的罗非鱼都适合在海水中饲养,其中以原生种的罗非鱼最适合,这类的海水罗非鱼体形十分小,体长大多只有10厘米,但因肉质佳且味美,因此特别受欢迎。海水罗非鱼在台湾地区的烹饪方式几乎都是加调味料一起红烧或蒸煮。

马拉副丽体鱼的体形为侧扁的椭圆形，吻端钝，口大，下颌比上颌突出，而上颌稍可伸缩。背鳍基部长，臀鳍外形及大小与背鳍相似，臀鳍位于背鳍的正下方与背鳍相对，胸鳍圆，尾鳍形状几近圆形。体色底色为暗黑绿色，全身密布白色不规则的斑点，或由白色斑点串联起来的不规则纹路所构成，头部则有深绿色不规则的花纹，尤其在两颊处最为明显。各鱼鳍硬棘部分的颜色与体色有相似的花纹，其余软鳍的颜色是由与鳍条垂直的蓝黑色和白色相间的细纹所构成。幼鱼的体色较为浅淡，且有7个黑色大斑块排列在侧线处，有的斑块是分开的，而有的会连在一起。

全身密布白色不规则的斑点

马拉副丽体鱼
Parachromis managuensis

■别称：淡水石斑鱼

■外文名称：Managuense,Guapote Tigre

马拉副丽体鱼在鱼类分类上属于鲈形目（Perciformes），慈鲷科（Cichlidae），副丽体鱼属（*Parachromis*），本种在1867年由Gunther所命名发表。

马拉副丽体鱼并非台湾地区的原生鱼类，原产于中美洲的哥斯达黎加南部至洪都拉斯的淡水水域，在当地的河川、湖泊或沼泽地皆可发现踪迹，喜欢栖息于具有沙泥底质与茂密水草且水流极为缓慢的环境，对环境的适应力非常好。食性为肉食性，生性凶猛且贪食，以鱼类、虾类和昆虫为食。繁殖期间具有筑巢产卵的习性，并且有保护幼鱼的行为。

马拉副丽体鱼在台湾属于外来种，早期引进是作为观赏用及食用鱼，其适应力很强且成长迅速，曾是新兴的养殖鱼种之一，但因市场接受度不佳，因此现在已少见马拉副丽体鱼的养殖。养殖的马拉副丽体鱼不仅供应餐厅及市场的需要，也是休闲渔业中供人垂钓的鱼种之一。虽然现在几乎没有人养殖马拉副丽体鱼，但台湾的淡水水域却成为马拉副丽体鱼的另一个新天地，因其生性凶猛且贪食，早已造成台湾地区原生鱼类的危机，也对台湾的淡水水域造成重大的生态影响。马拉副丽体鱼比较适合以清蒸或红烧的方式烹饪。

短盖肥脂鲤的体形侧扁且外形偏圆形，头部小，吻端钝，下颌略比上颌长，口内具有明显的齿，侧线完整且走向较平直，鳞片细小。背鳍两个，第一背鳍大，位于背缘中央处，第二背鳍十分小，位置十分接近尾柄，臀鳍大且基部长，腹鳍位于臀鳍前方，介于胸鳍与臀鳍之间，尾鳍大且形状为叉形。身体颜色为银黑色，成鱼的体色较深，尾鳍后缘以及臀鳍的下缘为黑色边。

第一背鳍大

短盖肥脂鲤 *Piaractus brachypomus*

■ 别称：食人鱼

■ 外文名称：Tambaqui,Pirapatinga

短盖肥脂鲤在鱼类分类上属于脂鲤目（Characiformes），脂鲤科（Characidae），肥脂鲤属（*Piaractus*），本种在1817年由Cuvier所命名发表。

短盖肥脂鲤为外来的鱼种，原产于亚马孙河的中游以及下游流域，因外表与食人鱼很相似，因此常被误认为是食人鱼。幼鱼会模仿食人鱼的习性，食性为杂食性，以鱼类、甲壳类和水草为食。

台湾地区并非短盖肥脂鲤的原产地，

是在1986年由业者自巴西引进，它们在原产地是十分重要的食用鱼，具有生长快速、抗病力强、对环境适应力佳以及易于饲养等优点，因此在台湾地区也推广养殖，原本目的只是作为食用鱼，但因其外形很像食人鱼，因此有一阵子它们也被当成观赏鱼贩卖或饲养。短盖肥脂鲤的体厚、肉质多、细刺少，烹饪方式以油煎为主。

鲫 *Carassius auratus*

■ **别称：** 鲫鱼

■ **外文名称：** Crucian Carp(美国加州),Goldfish(美国加州、泰国),Golden Carp(泰国),
Ikan Mas(马来西亚),Poisson rouge(法国),Pez rojo(西班牙)

鲫在鱼类分类上属于鲤科（Cyprinidae），鲫属（*Carassius*），本种在1758年由Linnaeus所命名发表。

鲫原产于中国大陆，早期被引入台湾地区，目前全台湾各淡水水域皆可发现鲫，它们最喜欢栖息在有水草或沿岸很多杂草的浅水水域，非常敏感，警觉性很高，冬天栖息于水底深处，夏天才会靠近较浅的河岸。食性为杂食性，3月至5月为繁殖季节。

鲫鱼因适应力很强，因此在台湾地区不少水域里都还可以发现，而市场上所贩卖的鲫大多是养殖的，其养殖十分容易而且产量也大，是台湾地区十分常见的淡水鱼类。

鲫可说是用途十分广泛的鱼类，因具有某些疗效而深受民众的喜爱，因此大多是当补品来食用比较多，而其他鲫的料理也十分多样化，除了一般的清蒸、红烧或油炸外，还有葱烤鲫鱼、鲫鱼笋片汤、酱烧鲫鱼以及豆瓣鲫鱼等。

鲫的身体颜色为银黑色，背部颜色较深，呈银黑色，腹部颜色较浅，呈银白色，所有的鱼鳍颜色皆为灰黑色。其体形侧扁，头部上方至背部为弧形，腹部圆，因此整体上鱼的体高显得较高，吻端圆钝，口下方没有须，身体上的鳞片为较大的圆鳞，具有完整的侧线。

斑鮻的体形为侧扁的椭圆形，头部短，吻端钝，身体的鳞
片为栉鳞，坚硬不易脱落，鳃盖上方部分披有细鳞，具有
完整的侧线。尾鳍末端内凹，呈弧形，属于内凹的截形。
身体颜色为灰褐色或黑褐色，各鱼鳍的颜色与身体相似。

斑鮻 *Girella punctata*

■别称：黑毛

■外文名称：Greenfish,Nibbler(美国加州),Rudderfish,Largescale blackfish

斑鮻在鱼类分类上属于鲈亚目
（Percoidei），舵鱼科（Kyphosidae），瓜
子鱲属（*Girella*），俗称"黑毛"，本种在
1835年由Gray所命名发表。另外同属舵
鱼科的黄带瓜仔鱲（*Girella mezina*）与
黑瓜仔鱲（*Girella leonina*）也同样被称
为"黑毛"，但大部分所说的黑毛是指斑鮻
（*Girella punctata*）。

台湾四周海域都有斑鮻的分布，它们
喜欢栖息于岩礁区，尤其是海流较强且深
的外礁区海域。食性为杂食性，夏天捕食
小型动物，冬天喜食海藻，因此斑鮻几乎
只在岩礁周围活动，栖息水深约1～30米。
斑鮻在每年11月至翌年3月会于台湾北部
沿海大量出现，每当东北季风开始时，斑
鮻便会陆续靠岸，所以天气冷的季节里比

较容易找到斑鮻。水温偏高的4月很难在
沿岸见到斑鮻的踪迹，有时一直到5月都
消失不见踪影，但每当梅雨季来临时，海
水的温度开始降低，斑鮻又会逐渐靠岸，
所以又有"梅雨斑鮻"之称。每年大概10
月开始斑鮻陆续出现在沿海，11月达高峰
期，12月数量逐渐减少，农历年后一直到
3月为斑鮻的繁殖期，这段期间斑鮻在沿
岸的数量也很多。

斑鮻的捕抓非常不容易，在鱼市场里
看到的斑鮻大多是矶钓客钓获的，其次则
为定置网或近海底刺网捕抓。因为斑鮻生
性机警，不易钓获，喜爱矶钓的钓友公认
斑鮻是最具挑战性的鱼种之一。斑鮻在台
湾的烹饪方式以清蒸最常见，也最能表现
斑鮻肉质的美味，此外也十分适合煮汤。

三棘锯尾鱼 *Prionurus scalprum*

■ 别称：黑猪哥

■ 外文名称：Saw-tailed Surgeonfish

　　三棘锯尾鱼在鱼类分类上属于刺尾鱼亚目（Acanthuroidei），刺尾鱼科（Acanthuridae），多板盾尾鱼属（Prionurus），本种在1835年由Valenciennes所命名。

　　台湾四周海域皆有三棘锯尾鱼的分布，只栖息于岩礁区或珊瑚礁区，成鱼具有群游的习性，常在岩礁区之间或在上方的水层活动。尾柄上有一如刀刃般锋利的脊用来防卫。食性为杂食偏草食性，几乎以附着性藻类为主要食物，也会摄食一些底栖生物。

　　三棘锯尾鱼在台湾属于常见的海产食用鱼类，台湾全年皆可捕获，捕获的方式以延绳钓为主，钓矶钓的钓友也常可钓获，只要东北季风一开始，便是钓三棘锯尾鱼的海钓期。三棘锯尾鱼的制作十分方便，各种方式皆适宜，但制作前需要剥皮处理，尤其要留意尾柄上锐利的脊，以免割伤。另外三棘锯尾鱼的肉质易有藻腥味，因此需要先将血液去除洗净，剥皮之后再将颜色较深的肌肉去除，在煮汤前须先以热水烫过后再下锅，如此比较容易去除三棘锯尾鱼的藻腥味。

尾柄两侧各具有三个黑圆斑

三棘锯尾鱼的体形为椭圆形，幼鱼呈圆形，背缘与腹缘呈弧形，尾柄细小且具有突出的脊，吻端钝且向外突出，口小，上下颌长度约等长。鳞片属于细小的栉鳞，体表触感粗糙，侧线完整。背鳍的基部长，幼鱼的背鳍鳍高较高，尾鳍形状为内凹形。身体的颜色为灰黑色，有些个体的颜色较黑，尾柄两侧各具有三个黑圆斑，此为三棘锯尾鱼最主要的特征。尾鳍的颜色为灰黑色，末端为白色，幼鱼的尾鳍颜色则为白色。胸鳍、腹鳍以及臀鳍的颜色与体色相似，或比体色深。

斑石鲷 *Oplegnathus punctatus*

鱼鳍颜色几乎皆为黑色

■ **别称：** 满天星

■ **外文名称：** Parrot-bass,Rock Porgy,Spotted Knifejaw

斑石鲷在鱼类分类上属于鲈亚目（Percoidei），石鲷科（Oplegnathidae），石鲷属（*Oplegnathus*），本种在1844年由Temminck与Schlegel所共同命名发表。

台湾地区四周海域皆有斑石鲷的分布，主要栖息于沿海的岩礁区。食性为肉食性，利用坚硬且锐利的齿来捕食海胆、螺类以及贝类，特别喜欢捕食具有坚硬外壳的底栖生物。产卵期约在4月至6月间，此期间斑石鲷会靠近沿岸来产卵。

斑石鲷具有"矶底物钓之王者""矶钓之霸"等称号，因为它们是矶钓钓友公认最具挑战性的鱼种，主要是因为石鲷类皆具有锐利而坚硬的牙齿，加上牙齿的力道很强，能轻易咬断钓线，因此钓斑石鲷必须采用特殊的钓法及装备。在台湾地区矶钓钓石鲷是相当新兴的海钓法，但在日本早已很兴盛，可能是因为日本的斑石鲷产量比较多，不仅有钓斑石鲷的钓具专卖店，也有专属的网站讨论斑石鲷的钓法。除此之外，斑石鲷也有"梦幻之鱼"的称号，是高级的海产鱼类，由于产量不多，可说是供不应求，除了一般钓友钓获以外，其他捕抓的方式有底拖网及延绳钓。品尝斑石鲷的最佳季节是在夏季，此时新鲜的斑石鲷以生鱼片的方式烹饪是最美味的，除此之外，还可以用油炸或煮汤的方式来烹饪。

▲

斑石鲷的体形为侧扁的卵圆形，鱼体宽高，吻端钝，口小，牙齿与颌骨愈合成坚硬的鸟嘴状。鳞片属于栉鳞，鳞片十分细小。背鳍只有一个，硬棘部与软条部之间内凹，臀鳍的外形与背鳍的软条部相同，且位置也与其相对应，尾鳍稍微内凹。身体颜色为带有银色光泽的铁灰色，全身密布着大小不一的黑色斑点。

条石鲷
Oplegnathus fasciatus

■别称：斑马

■外文名称：Parrot-bass,Japanese Parrotfish, Rock Porgy

　　条石鲷在鱼类分类上属于鲈亚目（Percoidei）、石鲷科（Oplegnathidae）、石鲷属（*Oplegnathus*），本种在1844年由Temminck与Schlegel所共同命名发表。

身上具有7条黑色的宽横带
第一条横带位于头部
且通过眼睛

条石鲷的体形为侧扁的卵圆形，鱼体宽高，吻端钝，有完整的侧线，侧线的前三分之一呈弧形，直到靠近尾柄处才变得较平直。鳞片属于栉鳞，鳞片十分细小。背鳍只有一个，硬棘部与软条部之间下凹，臀鳍的外形与背鳍的软条部相同，且位置也与其相对应，臀鳍的前两根鳍条为坚硬的短硬棘，尾鳍截形且稍微内凹。身体颜色为灰褐色，身体的前半部与背部的体色有时较暗淡，身上具有7条黑色的宽横带，第一条横带位于头部且通过眼睛，腹鳍与臀鳍颜色为黑色。

黑棘鲷 *Acanthopagrus schlegeli*

■别称：乌格、黑翅鱼
■外文名称：Black Seabream, Pikeybream

　　黑棘鲷在鱼类分类上属于鲈亚目（Percoidei），鲷科（Sparidae），棘鲷属（*Acanthopagrus*），本种在1854年由Bleeker所命名发表。

　　黑棘鲷为台湾地区常见的海产鱼类之一，也是中南部重要的海水养殖鱼种，分布于日本、韩国、中国的周围海域，属于内湾性底栖鱼类，常在河口、内湾以及沿岸出没，尤其喜欢栖息于具有沙泥底质的内湾。黑棘鲷对环境的适应力非常强，属于广温广盐性的鱼类，但如果温度低于5℃，还是会有死亡的情形发生。食性为杂食性，性贪食，喜食贝类、甲壳类以及多毛类，有时也会摄食海藻，平时会靠近沿岸活动，但温度较低的秋冬季节会迁移至较深的水域。黑棘鲷有性转变的特性，属于先雄后雌，未成熟的黑棘鲷都是雄鱼，成熟后的黑棘鲷会转变为雌鱼，因此雌鱼必定都比雄鱼大。2月至5月为黑棘鲷在台湾的繁殖季节，而以4月最盛，因此3月开始可在台湾的河口、沿岸捕捞到黑棘鲷的鱼苗。

　　黑棘鲷是台湾海水养殖的重要鱼种之一，养殖方式以箱网养殖为主或是陆上池塘养殖，因人工繁殖技术的提升，黑棘鲷已可在养殖池内自然产卵，而且放养的鱼苗可以不必依赖天然鱼苗的捕捞，因此黑棘鲷的产量十分稳定。养殖黑棘鲷以中南部沿海的鱼塭最多，离岛澎湖则是以箱网养殖黑棘鲷。

　　市场上所看到的黑棘鲷以人工养殖的较多，但也有由近海渔业所捕获的野生黑棘鲷，或由钓客所钓获，因黑棘鲷的肉质鲜美，也是钓客最喜爱的渔获之一。台湾地区最常以红烧或盐烧等方式烹饪黑棘鲷，新鲜的黑棘鲷也是生鱼片的最好材料之一。

黑棘鲷的营养价值

根据台湾卫生机构的营养成分分析，每100克重的黑棘鲷所含的成分如下：热量163kcal，水分70.7克，粗蛋白19.5克，粗脂肪8.8克，灰分1.7克，胆固醇93毫克，维生素B_1 0.23毫克，维生素B_2 0.31毫克，维生素B_6 0.22毫克，维生素B_{12} 7.31毫克，烟碱素6.80毫克，钠66毫克，钾367毫克，钙7毫克，镁9毫克，磷208毫克，铁0.9毫克，锌0.8毫克。

黑棘鲷的体形为侧扁的椭圆形，体高较高，背缘高。其头部前端较尖，上下颌等长，身体的鳞片属于较薄的栉鳞，体侧具有完整且明显的侧线，侧线起始于鳃盖上缘，结束于尾柄。背鳍具有明显的硬棘，臀鳍及腹鳍的比例较小，腹鳍第一根为较粗的硬棘，而胸鳍不宽但较长，尾鳍形状为叉形。

黑棘鲷的身体颜色为黑灰色且具有银色光泽，各鱼鳍除胸鳍为橘黄色外，其余皆为黑褐色。

乌鲳 *Parastromateus niger*

■ 别称：乌鲹

■ 外文名称：Black Pomfret(联合国粮食及农业组织、澳大利亚、新西兰、印度、泰国)，
Garangu(印度),Bawal hitam(马来西亚),German Fish(美国加州)，
Castagnolinec noire(法国),Palometa negra(西班牙)

乌鲳在鱼类分类上属于鲈亚目（Percoidei），鲹科（Carangidae），乌鲹属（*Parastromateus*），本种在1795年由Bloch所命名发表。

台湾四周海域几乎皆有乌鲳的分布，但以西南部较常见，主要栖息于具有沙泥底质的近海海域，常活动于潮流缓慢的环境，白天大多在海底底层活动，觅食底栖生物、浮游性甲壳类或小型鱼类，而晚上则会游至上层水域。乌鲳有季节性洄游的习性，冬天栖息的范围较集中，活动范围也较狭窄，每当春天海底的暖流增强，乌鲳会由较深的海域迁移至较浅处产卵，产卵后仍停留在沿海的浅水区域觅食及活动，直至水温降低后才会迁移至较深的海域。

台湾渔民捕抓乌鲳的方式以流刺网和拖网为主，以10月至翌年3月为乌鲹的盛产期。乌鲳为高级食用鱼，烹饪方法大多以清蒸、红烧和油炸为主，尤其体形较小的鲳鱼几乎都是以油炸来处理。

乌鲳的营养价值

根据台湾卫生机构的营养成分分析，每100克重的乌鲳所含的成分如下：热量92kcal，水分78克，粗蛋白20.4克，粗脂肪0.5克，灰分1.4克，胆固醇51毫克，维生素B_1 0.23毫克，维生素B_2 0.18毫克，维生素B_6 0.18毫克，维生素B_{12} 1.96毫克，烟碱素5.30毫克，维生素C 0.6毫克，钠114毫克，钾608毫克，钙8毫克，镁31毫克，磷242毫克，铁0.6毫克，锌0.6毫克。

乌鲳的体形为侧扁的卵圆形，头部小，吻端钝圆，尾柄细，上颌比下颌突出，口小，内有细齿，背缘以及腹缘呈弧形。鳞片属于易脱落的细小圆鳞，尾鳍则具有棱鳞，侧线位置偏高。其背鳍及臀鳍的前端鳍条较长，幼鱼时期会特别明显，胸鳍的比例大，幼鱼时期具有腹鳍，但会逐渐退化消失，胸鳍十分长，尾鳍形状为叉形，末端较尖但没有延长，尾鳍的外形类似燕子的尾巴。身体颜色为银灰黑色，背部颜色较深，鱼鳍颜色深。

圆燕鱼的体形圆且略侧扁，头部圆钝，头缘高且圆，吻端钝，上下颌约等长，口小，眼小。身体的鳞片属于栉鳞，鳞片小，具有完整且呈弧形的侧线。背鳍只有一个，背鳍的鳍高很高，臀鳍外形与背鳍相似，腹鳍长，尾鳍形状在幼鱼期时为内凹形，成鱼则变成双内凹形。身体颜色为黑褐色，体侧具有深色的横带，位于头部的横带最为明显，腹鳍以及胸鳍颜色为黑色，臀鳍、背鳍以及尾鳍的鱼鳍边缘为黑色。幼鱼体色为红褐色，背鳍以及臀鳍的鳍高较高。

圆燕鱼 *Platax orbicularis*

■别称：蝙蝠鱼、富贵鲳

■外文名称：Narrow-banded Batfish（澳大利亚、新西兰），Round Batfish，Round waferfish(泰国)

　　圆燕鱼在鱼类分类上属于刺尾鱼亚目（Acanthuroidei），白鲳科（Ephippidae），燕鱼属（*Platax*），本种在1775年由Forsskal所命名发表。

　　台湾除了西部沿海没有分布以外，其余海域皆可发现圆燕鱼的踪影，圆燕鱼主要栖息于岩礁区边缘，也会出现在河口或潟湖，成鱼属于群栖性，至少会有两尾以上一起活动，大多在岩礁区的斜坡处活动。圆燕鱼白天才会出现，晚上多半躲在岩礁里休息，幼鱼大多在沿海水深较浅的海域单独行动，幼鱼为了寻找保护，常躲藏在海面漂浮物的下面。

　　圆燕鱼不只可以食用，幼鱼因体态特殊而被当成观赏鱼，在台湾野生捕获圆燕鱼以拖网、延绳钓和围网等方式为主，捕获的都是体形较大的成鱼，但数量不多也不稳定。除了野生捕获外，台湾也有人工繁殖养殖的圆燕鱼，目前人工养殖的数量并不是很多。圆燕鱼的身体厚、肉多、肉质佳，食用方式以油煎为主。

细刺鱼 *Microcanthus strigatus*

■别称：花身婆、米桶仔

■外文名称：Hardbelly,Stripey,Butterflyfish

　　细刺鱼在鱼类分类上属于鲈亚目（Percoidei），舵鱼科（Kyphosidae），细刺鱼属（*Microcanthus*），本种在1831年由Cuvier所命名发表。

　　台湾地区四周海域皆有细刺鱼的分布，属于暖水性鱼类，主要栖息于沿岸的岩礁地区，也可在潟湖与沿岸边发现其踪迹。食性为杂食性，常以藻类、浮游动物和无脊椎动物为食。

　　台湾全年皆有细刺鱼，但因本种数量不多，在市场上较少，甚少人食用，因此价钱颇贵。捕捞的方式以刺网、手钓和潜水徒手捕捉为主。因其颜色艳丽，因此也常被当成观赏鱼饲养。

背鳍起点开始至吻端呈一斜面
身体具有五条由左上向右下
倾斜的黑色纵带

　　细刺鱼的体形侧扁且略呈方形，背鳍起点开始至吻端呈一斜面，口小且略尖，上下颌长度大致相等。背鳍前半段为硬棘，后半段皆为软条，软条外观形状圆钝；臀鳍约位于背鳍软条正下方的位置，臀鳍前四条鳍条为短而且坚硬的硬棘。体色为黄褐色，身体具有五条由左上向右下倾斜的黑色纵带，另外背鳍与臀鳍亦有黑色纵带贯穿，除了尾鳍为半透明的以外，其余鱼鳍皆为黄色。

鮸的体形为侧扁的长方形，头形偏圆，眼睛的比例大些，吻端钝不突出，上下约等长，口裂大且倾斜。头部鳞片几乎都是圆鳞，而身体其他部分的鳞片则为栉鳞。单一背鳍，背鳍的基部长且硬棘部与软条部之间有明显下凹，腹鳍基部位于胸鳍基部下方，胸鳍宽度窄且长，尾鳍形状为楔形，尾柄细长。体色为银黑褐色，背部与鱼鳍的颜色较深。（＊配图有误，为鮸状白姑鱼）

军曹鱼的体形呈长筒形，头部宽扁，口裂为水平口裂，眼睛小，具有完整的侧线，尾柄上无棱脊。背鳍的前端具有多根短小且互相分离的硬棘，背鳍的软条与臀鳍的基部长，且两者形状相似，尾鳍形状为内凹形，胸鳍较细长。军曹鱼的身体颜色以黑褐色为主，背部颜色较深，腹部颜色为淡褐色，体侧有两条明显的银色纵带，除胸鳍颜色较深外，其余的鱼鳍皆为深褐色。

鮸
Miichthys miiuy

■别称：鮸仔、敏鱼、米鱼

■外文名称：Brown Croaker(美国加州)，Jewfish(澳大利亚、新西兰)

鮸在鱼类分类上属于鲈亚目（Percoidei），石首鱼科（Sciaenidae），鮸属（*Miichthys*），本种在1855年由Basilewsky所命名发表。

台湾中部以北的海域皆有鮸的分布，喜欢栖息于沙泥底质的沿岸海域，常在较混浊的海域中活动。白天大多在底层活动，晚上在中上水层，具有产卵洄游之习性，夏季为繁殖期，冬季水温低时会迁移至深处或往南部海域迁移。食性为肉食性，以体形较小的鱼类及甲壳类等为食。

鮸在台湾地区是十分受欢迎的海产食用鱼，民间一句俗语"有钱吃鮸，没钱免吃"，可知鮸在早期属于高级的食用鱼，现在也是十分受欢迎的鱼种，台湾地区的东北部与西北部沿海产量较多，捕获方式以底拖网与延绳钓为主。各种方式皆适合烹调鮸，冬季至春季是鮸最美味也是产量最高的季节。

体侧有两条明显的银色纵带

军曹鱼 *Rachycentron canadum*

■ **别称：** 海丽仔、鲸龙鱼

■ **外文名称：** Cobia(美国加州、澳大利亚、新西兰、泰国),Black Kingfish,
Sergeantfish(澳大利亚、新西兰、泰国),Prodigal son,Runner(泰国)

军曹鱼在鱼类分类上属于军曹鱼科（Rachycentridae），军曹鱼属（*Rachycentron*），本种在1766年由Linnaeus所命名发表。军曹鱼只有一属一种。

军曹鱼广泛分布于全世界的温暖水域，而台湾地区四周海域也有军曹鱼的分布，栖息环境大多在外海的大洋区或是沿岸区，属于大型洄游性的鱼类，体长一般可达1.5米，体重可达40公斤。食性为肉食性，其性凶猛且贪食，成鱼时以捕食其他鱼类维生，每年的4月至9月为军曹鱼的繁殖期。

现在军曹鱼已成为箱网养殖最主要的鱼种，因其对环境的适应能力佳、不挑食、繁殖容易、肉多质佳、具有市场潜力，加上军曹鱼的生长十分迅速，因此有了"海猪"这个外号，目前市场上所见的

军曹鱼皆为人工养殖的。而野生军曹鱼的捕获季节大多在3至5月之间，以清明节前后最多，渔获方式有底拖网、流刺网以及延绳钓等，有时船钓也可钓获。

军曹鱼会大受欢迎的主要原因在于其高度的利用性，几乎整只鱼皆可食用，又可以加工制造成各式各样的生鲜产品，同时其肉质佳，也可以做成生鱼片，加上营养成分丰富，因此成为推广的主力鱼种。

军曹鱼的食用方式很多，新鲜的鱼大多以生鱼片为主，因鱼体形较大，也可以用一鱼多吃的方式处理，其他以军曹鱼为食材的料理还包括茄汁军曹鱼、糖醋军曹鱼、军曹鱼烤排、三杯军曹鱼、椒汁军曹鱼、醋熘军曹鱼片、梅香军曹鱼、军曹鱼黄金卷、烟熏军曹鱼、鲫肝鱼肉卷、棉花军曹鱼等多样美食。

线纹鳗鲇的口部靠近下面，口部周围具有四对须，分别是一对鼻须、两对颏须以及一对上颌须。其体形长，头部大，腹部略为膨大，身体后半部逐渐侧扁，身体并无鳞片覆盖。背鳍两个，第一背鳍是由一根很粗的短硬棘构成，第二背鳍的基部长，会延伸至尾鳍，而与尾鳍、臀鳍连接在一起，鳍皆由软条构成且高度低，胸鳍位于鳃盖后方，第一根胸鳍为较粗的硬棘。成鱼身体的颜色为深灰黑色，体侧具有两条浅黄色纵带，幼鱼的体色较鲜艳，身上具有白色的纵带，鱼鳍为略为透明的白色。

口部周围具有四对须

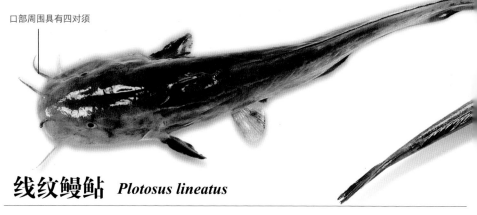

线纹鳗鲇 *Plotosus lineatus*

■别称：沙毛

■外文名称：Striped Catfish, Striped Eel Catfish, Striped Catfish-eel

线纹鳗鲇在鱼类分类上属于鲇形目（Siluriformes），鳗鲇科（Plotosidae），鳗鲇属（*Plotosus*），本种在1787年由Thunberg所命名发表。

台湾地区四周海域皆有线纹鳗鲇的分布，大多栖息在岩礁区周围，也会出现在河口，甚至游至盐分很淡的淡水水域。属于群栖性鱼类，经常一整群线纹鳗鲇挤在一起，尤其是幼鱼常会挤成球形的线纹鳗鲇群。属于夜行性鱼类，白天会成群挤在岩洞内休息。食性为肉食性，以小型鱼类和甲壳类为食。背鳍以及胸鳍的硬棘具有毒腺，被硬棘刺伤后会造成剧烈的疼痛。

线纹鳗鲇在市场上很少见，因鱼鳍上的硬棘具有毒素，不慎刺伤需要就医治疗，严重时甚至会有生命危险，毒性与毒蛇差不多，属于危险鱼类之一，民间俗语"一虹，二虎，三猫"，三猫就是指俗称为"沙毛"的线纹鳗鲇，这几种都是指有毒的鱼类，因此市场上不易看到线纹鳗鲇。线纹鳗鲇也是渔民最讨厌的鱼种之一，原因除了鱼鳍具有毒素，处理时很危险，又加上经济价值很低，所以很少在市场出现。但偶尔还是可以在市场看到线纹鳗鲇，有时钓客也会钓到，虽然可以食用，但应特别小心鱼鳍上的硬棘，如不慎被刺伤，应尽快将伤口的血液挤出并就医治疗。

头顶特化为平坦的吸盘

普通鲫的吻端钝且扁平，下颌明显突出，口大，尾柄细长。覆盖身体的鳞片属于较小的圆鳞。背鳍有两个，第一背鳍特化为头顶上的吸盘，第二背鳍基部长，起始位置位于身体中央，臀鳍的外观与第二背鳍相同，位于第二背鳍正下方与其相对，尾鳍形状细长。普通鲫的身体颜色呈灰黑色或棕黄色，体侧具有细长的暗色纵带，纵带起始于下颌一直延伸至尾柄末端。普通鲫的体形长，头部扁平而鱼体为圆桶形，头部与头顶的吸盘不具有鳞片。其头顶特化为平坦的吸盘，吸盘部分是由第一背鳍演化而成。

普通鲫　*Echeneis naucrates*

■别称：印鱼

■外文名称：Slender Sucker Fish(澳大利亚、新西兰),Remore(南非),
Shark Sucker,Slender Suckerfish,White Tailed Suckerfish,Live Shark-sucker

普通鲫在鱼类分类上属于鲈亚目（Percoidei），鲫科（Echeneidae），鲫属（*Echeneis*），本种在1758年由Linnaeus所命名发表。

台湾地区四周海域皆有普通鲫的分布，它们具有特殊的外形及习性，喜欢在大洋区活动，常利用头顶的吸盘吸附在其他大型鱼类或大型物体上，例如鲸鱼或鲨鱼等大型海洋生物是普通鲫最喜欢的吸附对象，有时也会吸附在渔船底下。

普通鲫除了吸附外，也可独立地四处游动。吸附在大型海洋生物上的普通鲫捡食被吸附生物在摄食时产生的食物碎屑，除了捡食碎屑外，也会单独活动，捕食浅海的无脊椎生物。

在台湾鱼市场较少见到普通鲫，因其肉质不佳，不是很受消费者的喜爱，因此渔民并不会刻意捕抓，而市场所看到的普通鲫都是因捕抓鲨鱼或其他大型鱼类时顺便抓到的。

Shrimp

Crab

&

A MARKET GUIDE TO FISHES & OTHERS

【虾蟹一族】

罗氏沼虾

Macrobrachium rosenbergii

第二步足十分发达，呈长钳状 ————

■ **别称**：大头虾、泰国虾

■ **外文名称**：Giant River Shrimp

罗氏沼虾在甲壳类的分类上属于十足目（Decapoda），长臂虾科（Palaemonidae），本种在1879年由De Man所命名发表。

罗氏沼虾盛产于东南亚地区，如泰国、印度尼西亚、马来西亚等，在淡海水环境皆可生长，喜欢栖息于受潮水影响的河川下游，但也可在湖泊或水田中发现，幼虾及成虾大多栖息于淡水的环境内，当母虾交配后，抱卵的母虾会顺流而下，到半淡咸水的水域产卵，因罗氏沼虾的幼生期必须在含有些许盐分的环境下才能顺利发育，这也是为什么雌虾会到有盐分的河口产卵的主要原因。罗氏沼虾的食性为杂食性，以小型水生动物、甲壳类、水生昆虫、藻类为食。

台湾地区原本并不产罗氏沼虾，罗氏沼虾是在1970年时水产专家林绍文博士由泰国引进中国台湾，现已成为台湾地区虾类养殖的主角之一，罗氏沼虾在台湾地区不仅是常见的食用虾类，对于休闲渔业的钓虾业者也是十分重要的种类。在台湾制作罗氏沼虾大多以清蒸、葱爆和盐烤等三种大众化的方式为主，此外胡椒虾也是一种极为创新的新吃法，而其他以罗氏沼虾为食材的美食还包括香烧罗氏沼虾和泰式麻辣炒。

罗氏沼虾的额角基部隆起，头胸甲比例大，年龄越大，其头胸甲会越大，颜色为深蓝色且表面有小棘与细毛，体色为黄绿色。其第二步足十分发达，呈长钳状，此为罗氏沼虾最大的特征，第二步足的长度通常比身体长，而且雄虾的长钳比雌虾粗大且长。

鹰爪虾 *Trachypenaeus curvirostris*

■别称：厚壳虾

■外文名称：Southern Rough Shrimp

鹰爪虾在甲壳类分类上属于十足目（Decapoda），对虾科（Penaeidae），本种在1860年由Stimpson所命名发表。

台湾地区四周海域皆有鹰爪虾的分布，栖息在较深的海域，喜欢在具有沙泥底质的海域活动，目前本种生态习性研究不多。

鹰爪虾的产量多，全年皆可捕获，而以3月至4月的捕获量最多。鹰爪虾壳既厚且坚硬，因此消费者的接受度较差，其价格也比一般虾类更便宜，由于产量大加上肉多，于是成为虾仁的主要来源，捕获的鹰爪虾大多加工处理以虾仁的方式贩卖，鹰爪虾也是加工成虾米的主要虾种。一般购买到的大多是去壳的虾仁，如果购买到完整的鹰爪虾，也多半去了壳取虾仁食用。

鹰爪虾的外壳粗糙且具有细毛，头胸甲壳厚，腹部弯曲时很像鹰爪，头角因性别及虾龄而有所差异，幼虾与雄虾的额角平直且短，雌虾额角长且末端上扬。鹰爪虾的额角下缘光滑无齿，上缘具有7至10个齿，头胸甲具有眼刺、肝刺与触角刺，尾柄粗壮且侧缘具有三对可动的刺，体色变化大，随产地的不同会有不同的体色，但大多数的鹰爪虾体色以白色或浅粉色为主，也有些体形较大的鹰爪虾体色会呈蓝灰色，触角大多是白色，因此有"白须虾"的别称，胸足与腹肢的颜色皆为白色。

南美白对虾 *Litopenaeus vannamei*

■ 别称：白对虾、南美虾

■ 外文名称：White Shrimp, Vannamei Shrimp

南美白对虾在甲壳类分类上属于十足目（Decapoda），枝鳃亚目（Dendrobranchiata），对虾科（Penaeidae），滨对虾属（*Litopenaeus*），本种在1931年由Boone所命名。

台湾地区并非南美白对虾的原产地，南美白对虾原产于南美洲的太平洋沿岸，只分布于墨西哥南部与秘鲁北部之间的海域，属于热带性虾类，喜欢栖息在水质较混浊的沿岸海域，雄虾体形通常较小，在人工环境下全年皆可繁殖。食性为杂食性。

南美白对虾为外来引进的食用虾类，是全世界产量最多的虾类之一，台湾地区引进南美白对虾的时间约是1996年，因南美白对虾有许多优点而使它成为全世界重要的养殖虾类之一。南美白对虾属于热带性虾类，因此不耐低温，台湾养殖南美白对虾的养殖场几乎集中于中南部，也已经可以完全自主养殖，供养殖用的虾苗十分稳定。台湾地区市场上贩售的南美白对虾以活虾和冷藏为主，活虾以鱼市场或是海鲜店最多。一般烹饪虾类的方式皆适合用来处理南美白对虾。

南美白对虾的体形长且略扁，额角较为平直，并不会特别长，额角的上缘具有8～9个齿，下缘具有2个齿，头胸甲与腹节差不多粗，壳薄。体色为浅灰色，触须颜色为粉红色。

哈氏仿对虾 *Parapenaeopsis hardwickii*

■别称：剑虾、滑皮虾　■外文名称：Spear Shrimp

　　哈氏仿对虾在甲壳类分类上属于十足目（Decapoda），对虾科（Penaeidae），仿对虾属（*Parapenaeopsis*），本种在1878年由Miers所命名发表。

　　台湾的东北部以及西部沿海海域皆有哈氏仿对虾的分布，栖息水深颇深，主要栖息于具有沙泥底质的海底。

　　台湾的哈氏仿对虾产量多且稳定，尤其是在台湾北部的基隆，哈氏仿对虾的产量可算是全台湾第一，全年皆可捕获，捕获的方式以底拖网为主，每年的11月至次年5月的产量最多。捕获的哈氏仿对虾主要以活虾、新鲜或冷冻的方式出售，有

的会加工制成虾仁后贩售，哈氏仿对虾的肉质较硬且较富弹性，十分适合用来做鲜虾羹。

哈氏仿对虾的额角十分长，额角尖端上扬，中央部位下凹，额角基部微微隆起，额角的上缘具有6～10个齿，下缘光滑无齿，第一个齿位于头胸甲前段，第二个齿位于眼睛窝的上方。额角会因性别及虾龄而有所差异，幼虾与雄虾的额角短钝，雌虾额角长且尖锐。头胸甲与腹节差不多粗，头胸甲上具有眼刺、肝刺与触角刺，尾柄粗壮且侧缘具有三对可动的刺，颜色会因栖息地的不同而有差异，但大多以红褐色或绿褐色为主，身上有细小的墨绿色斑点分布。

▼

正樱虾的体形小，平均长度约3～4厘米，最大也不会超过6厘米，身体布满红色素与发光器，据研究指出，正樱虾的发光器数量为160个左右。

▶

正樱虾 *Sergia lucens*

■ 别称：樱花虾　■ 外文名称：Sakura Shrimp

正樱虾在甲壳类分类上属于十足目（Decapoda），枝鳃亚目（Dendrobranchiata），樱虾科（Sergestidae），樱虾属（*Sergia*），本种在1922年由Hansen所命名发表。

全世界只有中国台湾以及日本静冈县的骏河湾才有正樱虾的分布，而台湾地区的正樱虾只出现在东港、枋寮及东北角一带的海域。正樱虾属于群栖性的浮游性虾类，主要栖息于大洋区的深海中，夜晚虾群会浮游至表水层。正樱虾的寿命约14个月，每年的11月至翌年的6月为产卵期，在生殖期间雌虾的体色会变成青色，因此也有渔民将此特征称为"青头期"。

早期台湾地区的渔民不知道正樱虾的高经济价值，所捕到的正樱虾都充当下杂鱼处理，直到日本的业者纷纷向台湾购买正樱虾，东港的渔民才知道他们所捕获的是世界级的高级虾类，也因此昔日的杂虾一夕之间变成高价的海产虾。原本正樱虾都是零星捕获，数量不多也不稳定，自从渔民知道正樱虾的价值后，专业的渔船也因应而生，甚至成为东港重要的渔业，正樱虾也成为东港的三宝之一。正樱虾以拖网方式捕捞，渔民会利用比重的差异将刚捕获的正樱虾与其他杂鱼分离，将掺杂其中的杂虾或杂质剔除，然后再将初步整理好的正樱虾浸泡冰水保持鲜度。

正樱虾为东港的特产之一，所捕获的正樱虾大多出口外销至日本，而留在台湾的则加工成虾干，因此在台湾买到的正樱虾都是烘干后的干制品。正樱虾风味佳，肉质鲜美，营养成分十分丰富，尤其是钙磷的含量充足，其钙质的含量是牛奶的十倍。以正樱虾为主要食材的美食如正樱虾炒饭、正樱虾天妇罗、盐酥正樱虾、正樱虾海鲜羹、正樱虾春卷等，近几年来也有业者将其加工成休闲食品，做成不同口味的正樱虾休闲食品，如丁香正樱虾、海苔正樱虾、杏仁正樱虾等。

皮皮虾

■**别称**：虾蛄、濑尿虾、螳螂虾、虾爬子
■**外文名称**：Mantis Shrimp

皮皮虾又名螳螂虾，顾名思义就是很像螳螂的虾，在分类上属于软甲亚纲，口足目，在台湾地区俗称的螳螂虾只是口足目的统称，而口足目总共有14个科，包含了420个种类。台湾约有30多种口足类，而这30种虾在民间或市场都被称为虾蛄或皮皮虾。

皮皮虾在全世界的海域都有分布，而以热带及亚热带海域为主，所有的种类都是海生的，其习性为底栖性穴居，最喜欢栖息于软质的泥沙海底，少数栖息于岩石区或珊瑚礁。皮皮虾为肉食性，其食物包含鱼类、小型甲壳类、多毛类、软体动物，有时甚至也会捕食同类。皮皮虾喜独居，只有在繁殖期间雌雄才会配对，并共享一个岩洞一起生活。

皮皮虾一般在渔港的鱼市场较易买到，大部分以活虾的方式贩卖，在台湾烹饪的方式以清蒸及煮味噌汤为主，其他以皮皮虾为食材的料理有盐烤皮皮虾、蒜茸虾，而在广东潮汕的民间食用方式则是将皮皮虾用盐腌制后密封于容器中，数天后再取出食用。

皮皮虾的营养价值

根据台湾卫生机构的营养成分分析，每100克重的皮皮虾所含的成分如下：热量63kcal，水分84.0克，粗蛋白14.7克，粗脂肪0.5克，灰分1.8克，胆固醇130毫克，维生素B_1 0.06毫克，维生素B_2 0.09毫克，维生素B_6 0.09毫克，维生素B_{12} 8.32毫克，烟碱素2.15毫克，维生素C 1.5毫克，钠344毫克，钾232毫克，钙69毫克，镁50毫克，磷212毫克，铁0.6毫克，锌2.4毫克。

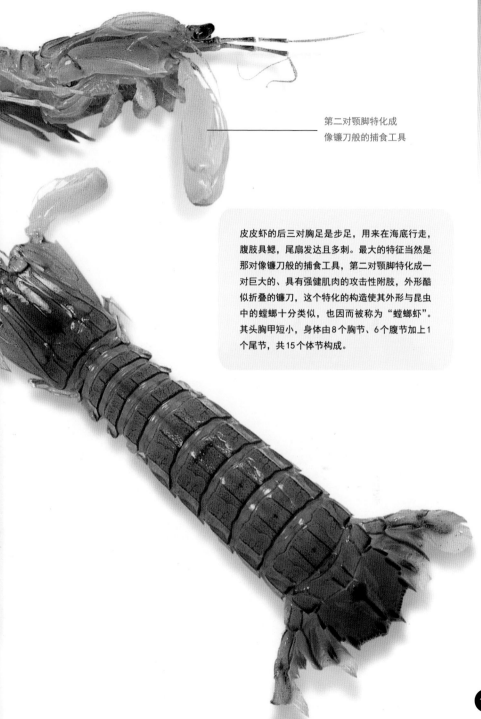

第二对颚脚特化成
像镰刀般的捕食工具

皮皮虾的后三对胸足是步足，用来在海底行走，腹肢具鳃，尾扇发达且多刺。最大的特征当然是那对像镰刀般的捕食工具，第二对颚脚特化成一对巨大的、具有强健肌肉的攻击性附肢，外形酷似折叠的镰刀，这个特化的构造使其外形与昆虫中的螳螂十分类似，也因而被称为"螳螂虾"。其头胸甲短小，身体由8个胸节、6个腹节加上1个尾节，共15个体节构成。

九齿扇虾的身体十分宽扁，背面平滑，头胸甲边缘具有7～8个明显的锯齿，第二触角十分宽扁且无触角须，尾扇的内侧坚硬，外侧因为钙化，因此较为柔软。体色为黄褐色，背甲具有红褐色的斑点。(*图片有误，上下两图均为毛缘扇虾)

外形看似被压扁的虾

九齿扇虾
Ibacus novemdentatus

■ 别称：虾头、虾姑排
■ 外文名称：Slipper Lobster, Horse-Shoe Crab

九齿扇虾在甲壳类分类上属于十足目（Decapoda），蝉虾科（Scyllaridae），本种在1850年由Gibbes所命名发表。台湾地区市场上所称的虾蛄拍仔都是指蝉虾科这一类的甲壳类，其中九齿扇虾是台湾最富食用价值的种类，也是最普遍的种类。

台湾四周海域皆有九齿扇虾的分布，属于底栖性虾类，栖息水深十分深，大多在具有沙泥底质且十分平坦的海底活动，尤其沿海平坦的大陆架区更是九齿扇虾最喜爱的栖息地。平时大多以爬行的方式在海底活动，当遇到危险时，尾扇会张开且腹节会快速弯曲，以倒退的方式快速游开。

台湾捕抓九齿扇虾的方式以底拖网为主，产量不稳定，有时会大量出现，有时却是少之又少。九齿扇虾能食用的部位几乎只有腹节内的肉，加上壳十分尖硬，因此一般家庭较少买回家食用。活虾的价格是最好的，因为刚捕抓到的九齿扇虾死亡率很高，大多在船上即以冰块保鲜，也因此活虾的价格是冷冻鲜虾的一倍以上。市场上所见的大多是冷冻的鲜虾，而活虾只有在海鲜店与海港的鱼市场较常见。九齿扇虾的烹饪大多是以煮味噌汤的方式为主，也可盐烤，虾肉结实美味。

宽扁的身体

九齿扇虾的腹节，侧角朝外且十分尖锐，腹节的颜色为半透明的浅黄色。九齿扇虾十分容易辨识，因为其特殊外形很像被压扁的虾。

锦绣龙虾 *Panulirus ornatus*

■别称：青龙

■外文名称：Ornata Spiny Lobster,Spring Lobster,Langouste（美国加州）

　　锦绣龙虾在甲壳类分类上属于十足目（Decapoda），龙虾科（Palinuridae），属于大型龙虾，本种在1768年由Fabricius所命名发表。

波纹龙虾 *Panulirus homarus*

■别称：红龙

■外文名称：Scalloped Spiny Lobster

　　波纹龙虾在甲壳类分类上属于十足目（Decapoda），龙虾科（Palinuridae），本种在1758年由Linnaeus所命名发表。波纹龙虾是台湾地区产量最高的龙虾，为中南部的优势种。

　　锦绣龙虾的头胸甲与腹节几乎都呈圆桶形，头胸甲有短软毛覆盖，具有尖锐明显的棘刺，越靠近前端，棘刺越是尖锐且突出。具有呈肾形的大眼睛，第一触角的鞭十分长，长度约达体长的二分之一，第二触角基部具有长的棘刺，第二触角鞭部布满细小的刺。体色呈绿色，头胸甲略带蓝色，眼睛为黑褐色，第二触角也就是最粗且最长的触角，颜色呈蓝色。第一触角为黄黑相间的斑节状花纹，头胸甲的步足颜色与第一触角相同，皆是黄黑相间的斑节状花纹，腹节的每一节皆有黑色粗带，黑色粗带两端，也就是靠近腹节的边缘，具有淡黄色的斑点，腹肢颜色为黄色。

▼

台湾四周海域的岩礁区皆产龙虾，不过西部沿海大多为沙岸，因此产量十分稀少，而以北部、东北部与东部的沿海产量较多。所有的龙虾皆为群栖性的夜行性动物，白天多藏匿于岩礁缝或岩洞中，夜间才开始活动及觅食，龙虾会沿着岩礁边缘或在沙泥底质的平坦海底，一只接着一只排成一列移动。食性为肉食性。

龙虾是高级的食用虾类，但因台湾地区沿海的产量有限，市场需求供不应求，因此进口的龙虾十分普遍。除了进口龙虾外，在世界各地都有业者尝试繁殖龙虾，但并未完全成功，目前大多只是蓄养龙虾，养殖业者向渔民购买体形较小的龙虾，并在养殖池中以人工的方式饲养至上市的体形，其中锦绣龙虾为台湾最大型的龙虾，因其生长速度较快，也成为蓄养龙虾的业者最喜欢的种类。

一般餐厅或筵席最简单的制作方式便是色拉龙虾，虽然简单却也最能表现出龙虾的美味。将龙虾蒸熟后，将腹节内的虾肉取出后切片，再淋上色拉便成了一道美味的龙虾料理。另外也十分适合煮龙虾味噌汤，龙虾的烹饪以蒸和煮汤的方式为主，新鲜的活龙虾也可做成生鱼片，龙虾头可以用来熬粥，在台湾的餐厅或海产店也常将龙虾血与米酒混合后饮用，据说可强精补血、活力十足，也具有生精活血的功效，但这只是民间的说法，并没有很明确的科学根据。

波纹龙虾的头胸甲与腹节几乎都呈圆桶形，而头胸甲在鳃区部位有时会较膨大，头胸甲有短软毛覆盖，具有尖锐明显的棘刺，越靠近前端，棘刺越尖锐且突出。具有呈肾形的大眼睛，除了眼上的角外，头胸甲的前缘另具有4根十分明显的大棘刺，第一触角鞭长度约与体长相等，第二触角基部具有长的棘刺，第二触角鞭部布满细小的刺。体色呈绿色至褐色，头胸甲略带蓝色，眼睛上方的角有黑色与白色的环带，第二触角也就是最粗且最长的触角，颜色呈蓝色，胸足颜色与体色差不多，腹足颜色为红褐色，腹部密布小白点。

181

日本对虾的体形较为粗壮，额角短且尖端并无明显上扬，额角的上缘具有9至10个齿，下缘只具有1个齿，额角的侧沟明显，且延伸至头胸甲后方。头胸甲与腹节差不多粗，尾柄粗壮且侧缘具有三对可动的刺。体色以黄色为主，头胸甲与腹节上皆有褐色的斜带或横带，使虾看起来呈斑节状的花色。

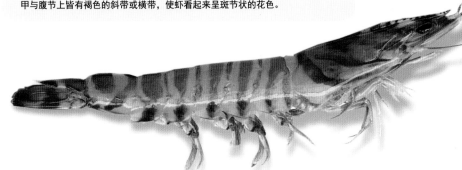

日本对虾 *Marsupenaeus japonicus*

■ **别称**：斑节虾、花虾

■ **外文名称**：Kurma Prawn,Striped Prawn,Japanease King Prawn,Japanese Tiger Prawn

日本对虾在甲壳类的分类上属于十足目（Decapoda），对虾科（Penaeidae），日本对虾属（*Marsupenaeus*），本种在1888年由Bate所命名发表。

台湾四周海域皆有日本对虾的分布，主要栖息于具有沙泥底质的沿海海底，属于夜行性虾类，白天大多潜伏在沙泥中，夜晚才会开始活动与觅食。食性为杂食性。

日本对虾在台湾是十分重要的食用虾类，也是很常见的虾类，因体形大且肉多，深受消费者的喜爱，目前市面上的日本对虾来源有人工养殖的与野生捕获的。野生捕获的日本对虾体形通常很大，真的是又粗又大，捕获的方式以底拖网为主，而人工养殖的日本对虾，体形就小多了。台湾养殖日本对虾已经有一段历史，不论是养殖技术或繁殖技术皆已十分纯熟，但近几年来因虾类疾病的肆虐，造成产量持续下滑，甚至供不应求。日本对虾对盐分的变化十分敏感，盐分过低就会死亡，因此养殖日本对虾的业者最怕下雷阵雨，只要一下大雨，池塘内的盐分即会快速下降，很容易造成虾的死亡，因此日本对虾也有"雷公虾"之称。野生捕获的日本对虾大多以冷藏方式出售，而人工养殖的日本对虾在市场上大多以活虾出售。

由于日本对虾喜欢栖息在沙泥底质中，因此野生捕获的日本对虾背部的沙肠特别明显且多，需要花较多的工夫清理，而体形大的日本对虾在日本料理店皆以"明虾"称之，大的明虾是做炸虾天妇罗的最佳食材，新鲜的日本对虾可以做刺身或是活虾色拉，而体形小些的日本对虾则可以快炒或油爆的方式料理。

蛙形蟹 *Ranina ranina*

■ 别称：龙蟹、海臭虫、珍珠蟹
■ 外文名称：Spanner Crab, Crimson Crab

　　蛙形蟹在甲壳类的分类上属于蛙蟹科（Raninidae），蛙蟹亚科（Ranininae），蛙蟹属（*Ranina*），本种在1758年由Linnaeus所命名发表。

　　台湾四周海域皆有蛙形蟹的分布，而以西部海域以及澎湖海域最多，喜欢栖息于具有沙泥质的海域，具有群栖的习性。食性为杂食性。

　　蛙形蟹是十分受欢迎的蟹类之一，在台湾捕获的方式以底拖网为主，秋冬季节的产量较多，在市场上属于十分平价且普遍的蟹类。蛙形蟹的烹饪方式也十分简便，只要清蒸就可以享用美味，除了清蒸的方式外，台湾地区最常用来烹饪虾姑头的方式就是蛙形蟹味噌汤，将蛙形蟹切块后并与豆腐一起下去煮味噌汤，不管在小吃店或较高级的餐厅里都是一道很常见的美食。

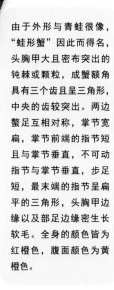

掌节宽扁，不可动
指节与掌节垂直

由于外形与青蛙很像，"蛙形蟹"因此而得名，头胸甲大且密布突出的钝棘或颗粒，成蟹额角具有三个齿且呈三角形，中央的齿较突出。两边螯足互相对称，掌节宽扁，掌节前端的指节短且与掌节垂直，不可动指节与掌节垂直，步足短，最末端的指节呈扁平的三角形，头胸甲边缘以及部足边缘密生长软毛。全身的颜色皆为红橙色，腹面颜色为黄橙色。

锯缘青蟹 *Scylla serrata*

■别称：青蟹、红蟳、菜蟳、处女蟳、奄仔蟹、沙公
■外文名称：Indo-pacific Swamp Crab（联合国粮食及农业组织），Mangrove Crab（澳大利亚），Mud Blue Crab（泰国）

锯缘青蟹在甲壳类分类上属于梭子蟹科（Portunidae），青蟹属（*Scylla*），本种在1755年由Forsskol所命名发表。原本只有一属一种的青蟹，最后由澳大利亚学者基南（Keenan）等人在1998年发表的研究报告将青蟹属分为4个种类。

锯缘青蟹的食性为肉食性，喜欢栖息于泥质的河口、红树林或潮间带，常以强而有力的螯捕食鱼、虾、贝类等生物。锯缘青蟹为夜行性，白天会躲藏于洞穴中，至晚上才离开洞穴外出觅食，其交配时间都是选择雌蟹蜕壳时进行，一只雌蟹可生产约100万至800万粒的卵，产卵数量与雌蟹的体形大小成正比。

青蟹是众所周知的高级蟹类，价格十分昂贵，而红蟳其实就是专指那些抱卵的雌蟹，在台湾府志里很早就已经有"蟹仔"这个称呼，没有交配过的雄蟹或是未交配过的雌蟹都称为"菜蟹"，菜蟹的市场价格通常都较低，而交配过太多次的雄蟹又称为"骚公"，因其肉质很差，因此价格十分低廉，是食用价值最低的蟹。而未交配的雌蟹又称为"处女蟹"或"幼母"，刚交配后的雌蟹称为"空母"，当空母的卵巢发育成熟饱满，颜色转变为橘红色后，即可称为"红蟳"。利用灯光或太阳光透视红蟳的卵巢（又可称为仁）时，如其不透光的黑影已进入甲缘的锯齿内时俗称为"入棘"，这表示卵巢已成熟了，此时的红蟳是最美味的，价格也是最高的。

锯缘青蟹的盛产期是在农历的3至7月以及9至10月。因野生的锯缘青蟹数量已不多，无法供应市场的需求，所以目前台湾市场上的锯缘青蟹多为人工饲养的。饲养蟹的养殖场以南部最多，养殖方式分为两种：第一种是收购7厘米以下的蟹苗放养，至成长为"菜蟹"或"空母"后出售；第二种是收购空母将之养至红蟳再出售。养殖方式以混养为主，通常与虱目鱼一起混养。蟹苗的来源大多依赖野生捕抓，捕捞的蟹苗以3至4月间及6至7月间较多，现在因繁殖技术成熟，人工蟹苗也越来越多了，不过台湾地区市场上的锯缘青蟹还是有很多是从国外进口。

蟹在台湾地区具有很深的意义，在喜庆筵席上也常可看到"红蟳米糕"这道料理，同时也是民间滋补的海鲜之一，因其深具补身的功效，对从小孩到年长的长辈都有疗效，因此从台湾早期就深受大家的喜爱，也一直被公认为是海鲜中的珍品。锯缘青蟹的肉质结实，味道鲜美，可清蒸或做成三杯红蟳，也可煮味噌汤或以麻油烹调。在营养价值方面，锯缘青蟹的矿物质含量很高，锌、铜及钙等的含量在水产品中都名列前茅。

锯缘青蟹的背甲十分光滑，额部有4个一样大的齿，前侧缘有9个齿，具有粗壮光滑无毛的螯足，长节的前缘有3齿，后缘部分有两个刺状的齿，腕节外缘两个齿，内缘有1个齿，第四步足宽扁呈桨状，用于游泳。

第四步足宽扁呈桨状

锯缘青蟹的营养价值

根据台湾卫生机构的营养成分分析，每100克重的锯缘青蟹所含的成分如下：热量142kcal，水分67.1克，粗蛋白20.9克，粗脂肪3.6克，碳水化合物6.5克，灰分1.9克，维生素B_1 0.01毫克，维生素B_2 0.94毫克，维生素B_6 0.18毫克，维生素B_{12} 4.63毫克，烟碱素4.10毫克，钠309毫克，钾255毫克，钙79毫克，镁57毫克，磷234毫克，铁2.6毫克，锌10.3毫克。

善泳蟳的外观十分粗犷，头胸甲的背甲密布短软毛，前半部具有突出的粗糙颗粒，额缘区分为六个齿。螯足粗大且不对称，螯足表面密布粗大的颗粒与短软毛，长节前缘具有五根或六根钝棘，最后两个钝棘较大。掌部背面具有四根钝棘，腹面具有横行排列的鳞状颗粒，中央具有一个纵沟。泳足的前节后缘为锯齿状。基本颜色为红棕色，密布的软短毛为棕色，突出的粗颗粒为淡红色，腹面颜色为米黄色，螯足的指端颜色较暗。

善泳蟳
Charybdis natator

■ 别称：石蟹

■ 外文名称：Swimming Crab（泰国）

善泳蟳在甲壳类分类上属于梭子蟹科（Portunidae），梭子蟹亚科（Portuninae），蟳属（*Charybdis*），本种在1794年由Herbst所命名发表。

善泳蟳主要栖息于浅海地区或沿海海域，栖息环境以沙泥底质、石砾以及浅海的岩礁区为主，为日行性动物，白天活动、晚上休息，由其种名"善泳蟳"可知，它们十分擅长游泳，只要遇到危险便会快速游开。

台湾俗称的"石蟳"几乎多是指善泳蟳与颗粒蟳，两种蟹的外观十分相似，在台湾地区的产量都非常多，捕获的方式以底拖网、底刺网以及蟹笼诱捕为主。在市场上的贩卖方式以活蟹出售为主，在渔港的鱼市场里或各地的海产店都可见到，沿海的渔港市场也有贩售蒸煮调味的熟石蟳，整只烹调后出售或螯足分开贩卖。善泳蟳大多会将螯足另外贩卖，是很受欢迎的下酒菜。善泳蟳的食用方式以蒸煮后蘸酱食用，也可以加九层塔与调味料一起炒，都十分美味可口。

颗粒蟳与善泳蟳非常相似，其头胸甲的背甲密布粗糙的短软毛，前半部具有突出的粗糙颗粒，额缘区分为六个齿。螯足粗大且不对称，螯足表面密布粗大的颗粒与短软毛，长节前缘具有五根或六根钝棘，最后两个钝棘较大。掌部背面具有四根钝棘，腹面具有鳞状颗粒，没有中央纵沟。泳足的前节后缘为锯齿状。基本颜色为深褐色，腹面颜色为米黄色，螯足的指端颜色较暗且内缘有点泛白。

颗粒蟳
Charybdis granulata

■ 别称：石蟹

颗粒蟳在甲壳类分类上属于梭子蟹科（Portunidae），梭子蟹亚科（Portuninae），蟳属（*Charybdis*），本种在1833年由De Haan所命名发表。

颗粒蟳大多栖息于浅海地区或沿海海域，栖息环境以沙泥底质、石砾以及浅海的岩礁区为主，为日行性动物，白天活动、晚上休息，产地大多与善泳蟳重叠，但分布的范围比善泳蟳狭窄。

台湾地区所称的"石蟳"几乎都是指善泳蟳与颗粒蟳，两种蟹的外观十分相似，在台湾地区的产量十分多，不过颗粒蟳的分布范围窄，又与善泳蟳的外观几乎相同，因此在市场上渔民大多不会细分这两个种类，而把它们统称为石蟳。捕获的方式以底拖网、底刺网以及蟹笼诱捕为主，在市场上贩卖方式以活蟹出售为主，在渔港的鱼市场里或各地的海产店都可见到，食用方式与善泳蟳大同小异。

拥剑梭子蟹的蟹壳表面分区明显，头胸甲的壳面密布短的软毛，每一个分区上又有许多突出的小颗粒。螯足的掌节细长，长节比掌节短且较肥大，长节前端上具有四根刺而末端具有两根刺，第四对步足也就是最后一根像船桨的脚，最末端具有明显的红斑，头胸甲两侧皆有数根突出的长刺，最后一根为最长的刺。

拥剑梭子蟹 *Portunus haanii*

■别称：毛蟹、扁蟹

拥剑梭子蟹在甲壳类分类上属于梭子蟹科（Portunidae），梭子蟹亚科（Portuninae），本种在1858年由Stimpson命名。

拥剑梭子蟹俗称扁仔，主要栖息于具有沙泥底质的海域，有时也会在岩礁区活动，食性为杂食性。扁仔在台湾的产量十分多，

捕捞方式以拖网、笼具诱捕和底刺网为主，在市场上的贩卖方式以活蟹出售为主，在渔港的鱼市场里或各地的海产店都可见到。在沿海的渔港市场也有已经蒸煮后调味的熟拥剑梭子蟹，有整只出售或螯足分开卖的，可当作下酒菜，烹饪方式以蒸煮后蘸酱食用或加九层塔与调味料一起炒。

远海梭子蟹的蟹壳表面粗糙，具有很多颗粒状的突出物，螯足、步足以及泳足都较瘦，螯足前端的可动指与不可动指相当细长。螯足在关节处都有刺，头胸甲两侧各具有一根突出的长刺。雌雄的体色不相同，雄蟹的头胸甲及螯足都较雌蟹长，头胸甲的颜色为深褐色，上面有黄绿色的对称花纹，螯足、步足以及泳足的颜色为宝蓝色，螯足、泳足基节以及所有步足的基节都具有淡色的花纹。而雌蟹偏黄绿色，只有步足指节处为宝蓝色。

远海梭子蟹　雌蟹

远海梭子蟹　雄蟹

远海梭子蟹 *Portunus pelagicus*

■别称：青脚蟹、兰花蟹、沙母蟹（雌）　　■外文名称：Blue Swimming Crab

远海梭子蟹在甲壳类分类上属于梭子蟹科（Portunidae），梭子蟹亚科（Portuninae），本种在1766年由Linnaeus所命名发表。

远海梭子蟹主要栖息于具有沙泥底质的海域，有时也会在岩礁区活动，食性为杂食性。远海梭子蟹在台湾地区比较少见，台湾捕抓远海梭子蟹的方式以笼具诱捕为主，其他的捕获方式还有拖网和底刺网等。台湾一年四季都可捕获，但如果不是在盛产季时，不仅数量较少，价格较贵，而且大多没什么肉。

远海梭子蟹的烹饪十分方便简单，如果是新鲜的远海梭子蟹，只要水煮熟后即非常美味，肉质甜美细嫩，此外也可以清蒸，不需要任何蘸料或调味品即非常美味，也最能表现出远海梭子蟹的鲜美。

锈斑蟳的蟹壳表面光滑，颈沟明显，螯足、步足以及泳足都较瘦，螯足前端的可动指与不可动指瘦长。体色为黄色，有深褐色的斑纹，斑纹在身体上是两边互相对称，身体的中央具有十字架形状的黄色花纹。

身体的中央具有十字架形状的黄色花纹

锈斑蟳 *Charybdis feriatus*

■ 别称：红花蟹

　　锈斑蟳在甲壳类分类上属于梭子蟹科（Portunidae），梭子蟹亚科（Portuninae），蟳属（*Charybdis*），本种在1758年由Linnaeus所命名发表。

　　锈斑蟳主要栖息于具有沙泥底质的海域，有时也会在岩礁区活动，食性为杂食性。锈斑蟳是台湾最常见的海产食用蟹类，产量多而且价格十分便宜，因此深受消费者的喜爱。台湾捕抓锈斑蟳的方式以笼具诱捕为主，其他的捕获方式还有拖网和底刺网等。台湾一年四季都可捕获，但如果不是盛产季，除了数量少、价格贵之外，此时的锈斑蟳大多没有肉。夏天为锈斑蟳主要产季，产量非常多，价格便宜，而且每只都十分肥满，此时的锈斑蟳可说是最美味的时候，盛产季时到台湾地区各个渔港的市场内逛逛，几乎每一摊都是满满的锈斑蟳，可以多挑选些回家享用。

　　锈斑蟳的烹饪十分方便简单，如果是新鲜的锈斑蟳，只要水煮熟后就非常美味，肉质甜美细嫩，也可以清蒸，不需要任何调味料就已经非常鲜美。

胸甲末端的三个斑点

红星梭子蟹的蟹壳表面密布着微细的颗粒，表面看似光滑，但触摸时可以感觉颗粒的存在。螯足、步足以及泳足都较瘦，螯足前端的可动指与不可动指细长，螯足的长节前缘具有三根刺。体色为深绿色，头胸甲末端具有三个深红色大斑点，这三个斑点为辨识本种的重要特征。

红星梭子蟹
Portunus sanguinolentus

■别称：**三点蟹**

■外文名称：Red-spotted Swimming Crab

　　红星梭子蟹在甲壳类分类上属于梭子蟹科（Portunidae），梭子蟹亚科（Portuninae），本种在1783年由Herbst所命名发表。

　　红星梭子蟹主要栖息于具有沙泥底质的海域，有时也会在岩礁区活动，食性为杂食性。红星梭子蟹是台湾地区非常常见的海产食用蟹类，产量高，价格也十分便宜，因此深受消费者的喜爱。红星梭子蟹的产季与花市仔（绣斑蟳）同期，但红星梭子蟹的蟹肉较花市仔少，在鱼市场的价格总是比花市仔便宜些。秋冬两季的红星梭子蟹是肉质最肥满的时候，也是最适合品尝的季节。红星梭子蟹的烹饪十分方便简单，如果是新鲜的只要水煮熟后即非常美味可口，其肉质甜美细嫩，此外也可以清蒸，或蒸煮后蘸酱食用，也可加九层塔与调味料一起炒。

卷折馒头蟹 *Calappa lophos*

■ 别称：馒头蟹

■ 外文名称：Box Crab

　　台湾市场上所称的"馒头蟹"是馒头蟹属的统称，馒头蟹在甲壳类分类上属于馒头蟹科（Calappidae），馒头蟹属（*Calappa*），台湾约有15种，本文介绍的为"卷折馒头蟹"，本种在1782年由Herbs所命名发表。

　　台湾四周海域皆有馒头蟹的分布，栖息水深范围广，浅海至较深的海底皆有，主要栖息于具有沙泥底质的海底，具有潜沙的习性，繁殖期约在5月与6月。

　　馒头蟹的产量高，种类也多，当它紧缩起来时，外观真的很像一颗馒头。馒头蟹在台湾并不是主要的食用蟹类，但有时鱼市场仍有鱼贩贩卖体形较大的馒头蟹，馒头蟹在渔港的鱼市场内较多见，除了体形特别大的会被挑选出来外，其他的都当成下杂鱼处理。其捕获的方式有底拖网、底刺网或以蟹笼诱捕，不过并不是作业渔船的主要目标渔获物。烹饪时可以用水煮的方式煮熟再蘸酱食用。

> 卷折馒头蟹具有侧扁状的螯足与掌节，背缘具有圆锥状的钝齿，螯足前端的可动指呈弯钩状。头胸甲的颜色为淡紫色，背面具有米黄色的细纹。

卷折馒头蟹螯足的内外侧皆有深紫色的虎斑状花纹或斑点，外侧花纹稀疏，内侧则花纹密布，步足颜色皆为黄绿色。背甲光滑且隆起呈圆弧形，头胸甲宽大且厚，形状呈半圆形。

A MARKET GUIDE TO FISHES & OTHERS

【贝类及其他】

Shell & Others

长竹蛏 *Solen strictus*

■别称：竹蛏

■外文名称：Japanese Jackknife-Clam,Japanese Ragor Shell

长竹蛏在贝类分类上属于真瓣鳃目（Eulamellibranchiata），竹蛏科（Solenidae），竹蛏属（*Solen*），本种在1861年由 Gould 所命名发表。

台湾地区的长竹蛏主要分布于中南部盐分较低的沙泥质海岸，而在大陆沿海产量甚高，栖息范围包括潮间带与浅海海域，只能生存在沙泥底质的海域，具有潜沙的习性，大部分的时间都潜藏于沙层中，利用出入水管来交换海水以及滤食海水中的食物，食性为滤食性。

每当夏季的时候，可在渔港的市场看到一笼一笼的长竹蛏，市场上贩卖的长竹蛏都是活的，很少贩售冷冻的。长竹蛏是十分容易烹饪的贝类，最简单的方式就是将长竹蛏用清水洗净后，抹上盐清蒸，这是最简单也最能吃出原味的方式，此外用热炒来制作也是很不错的。

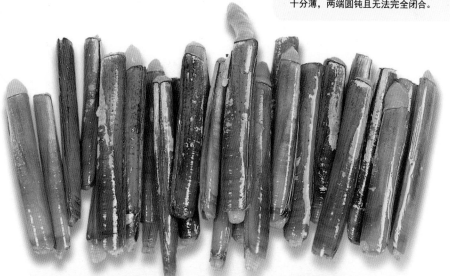

长竹蛏的双壳连接处在靠近前端的壳顶，前端具有斧足，用于潜沙或移动，后端则为出入水孔的位置，外壳的颜色为黄绿色，内面为乳白色。其双壳外观类似长方形，有点类似竹节，双壳厚度十分薄，两端圆钝且无法完全闭合。

等边浅蛤的外形呈三角形，壳的两端圆滑，壳顶位置偏中，靠近前端的小月面细长，而后端的盾面外形为椭圆形且颜色比较深。其内面为白色且十分光滑，外壳有很多不规则的花纹及颜色，但通常以青灰色为主。因外壳颜色及花纹很丰富，因此有"花蛤"之称。

等边浅蛤 *Gomphina aequilatera*

■ **别称：** 三角蛤蜊　　■ **外文名称：** Equilateral Venus

等边浅蛤在贝类分类上属于真瓣鳃目（Eulamellibranchiata），帘蛤科（Veneridae），花蛤属（*Gomphina*），等边浅蛤在1825年由Sowerby所命名发表，花蛤属目前只记录了两种。

等边浅蛤主要栖息于泥沙质的浅海，利用斧足潜入泥沙底，并将水管伸出沙层，以滤食水中的有机物和浮游生物。台湾地区西部沙岸为主要的产地，因此台中以南包括澎湖的沙岸，几乎都可发现等边浅蛤的踪迹，人工养殖的等边浅蛤也以中南部最为盛行。

等边浅蛤在台湾地区为养殖的贝类之一，养殖不是很容易，在饲养过程中温度以及盐度将是养殖成败的关键，养殖等边浅蛤的最佳温度在25℃左右，盐度在30‰为宜，在养殖过程中温度及盐度变化太大将造成等边浅蛤的高死亡率。等边浅蛤为双枚贝，具潜沙的习性，几乎都在沙层下生活，因此养殖的底质好坏也是成败的重要因素，必须提供最适合的底质。饲养的底质泥土或沙的比例太大或太小都不适合饲养，底质的含沙率最好在60%以上为宜，另外必须特别留意底质的老化情形，每一季饲养后必须整理池底，以减少底质囤积的有机废弃物，尤其当底质老化严重，常使沙层下含有很多硫化氢，硫化氢会毒死生活于底质里的等边浅蛤。等边浅蛤的食性为滤食性，因此在饲养时必须保证充足的浮游生物。等边浅蛤的烹饪方式以快炒及煮汤为主。

泥蚶的壳顶偏中，但有点靠近前端，壳形接近卵形，感觉十分饱满，壳十分厚重，表面有放射状的放射肋，放射肋较粗且上面有颗粒状的突起，铰齿数约35～38个小锯齿，壳缘有类似锯齿状的缺刻。外壳颜色为灰色或黑褐色，具有壳皮，壳的内面为白色，壳的边缘具有类似锯齿状的缺刻，具有丰富的血红素，因此也被称为"血蚶"。

泥蚶 *Tegillarca granosa*

■ **别称**：血蚶

■ **外文名称**：Granular Ark(美国加州),Blood Clam,Rock-Cockle(泰国)

泥蚶在贝类分类上属于魁蛤科（Arcidae），血蚶属（*Tegillarca*），本种在1758年由Linnaeus所命名。

泥蚶主要栖息于平坦的浅海且无其他大型藻类生长的沙泥底质，盐度在12‰～30‰都十分适合泥蚶的生长。泥蚶利用斧足潜入泥沙底，并将水管伸出沙层，滤食水中的有机物和浮游生物。泥蚶为雌雄异体，雌蚶生殖巢为橘红色，雄蚶则呈乳白色，约一年半个体可达成熟，每年8月开始一直到12月都是泥蚶的繁殖期。

泥蚶在台湾属于高级食用贝类，自古即被视为滋补圣品，在台湾主要分布于西部沿海，而以嘉义东石、布袋以及台南附近产量最高。因泥蚶的成长速度缓慢，需要饲养一年半至两年才能采收上市，所以养殖数量不多，也多以混养为主，养殖的种苗来源几乎完全仰赖天然采捕的幼贝。目前有利用鱼塭养殖、浅海养殖以及两者混用的养殖方式，混用方式是将野生采集的幼贝先于鱼塭中饲养至一定大小后，再移至适合生长的潮间带饲养，这种饲养方式可以提高浅海养殖的存活率，而直接以鱼塭饲养的泥蚶，其生长速度会比浅海养殖还要快。

古书曾载，血蚶有"令人能食"及"益血色"等功效，外壳相传有消血块及化痰之功用，贝肉也含有丰富的蛋白质及维生素B_{12}，因含丰富的血红素，民众相信吃泥蚶有补血的功效。泥蚶的烹饪方式通常是以热水烫至半熟，再淋上作料食用。

青蛤 *Cyclina sinensis*

■别称: 赤嘴仔、环文蛤

■外文名称: Chinese Venus

青蛤在贝类分类上属于帘蛤科（Veneridae），环文蛤属（*Cyclina*），环文蛤属在台湾地区只有青蛤这一种而已，青蛤在1791年由Gmelin所命名发表。

青蛤在全世界只分布于中国台湾、大陆以及日本，在台湾地区的主要产地为西部沿岸的河口或沙泥质的潮间带，喜栖息于盐分较淡、水质佳的河口或是富含沙泥质的浅水区，会利用斧足潜入泥沙底，并伸出水管到泥面呼吸及滤食水中的食物。

青蛤是台湾地区重要的食用贝之一，也是重要的养殖贝类，养殖方式以混养的方式为主，不过市场上的青蛤也有一部分是渔民到潮间带以工具采捕野生的贝类回来贩卖。青蛤属于小型贝类，所以其烹饪方式以煮汤为主。

青蛤的壳高比同类型的贝类高，且壳膨大呈圆形，壳的前端呈圆弧形，后端稍呈楔形，小月面及盾面都不是很清晰，壳上面有轮肋环绕，状如波纹，有放射肋但较不明显。外壳表面颜色为黄褐色，壳的外缘有一圈紫色环，此为青蛤最主要的特征，也因紫色环而有"赤嘴蛤"之称，壳的内面是白色的。

菲律宾蛤仔 *Ruditapes philippinarum*

■别称：花蛤、蛤蜊

■外文名称：Baby Clam（美国加州）

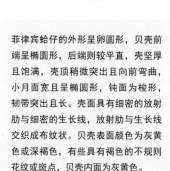

菲律宾蛤仔在贝类分类上属于真瓣鳃目（Eulamellibranchiata），帘蛤科（Veneridae），花帘蛤属（*Ruditapes*），本种在1850年由Adams与Reeve所共同命名发表。

菲律宾蛤仔除了在台湾东部沿海外，其余海域皆有分布，主要栖息于泥沙质浅海或潮间带，利用斧足潜入泥沙底，并将水管伸出沙层滤食水中有机物和浮游生物，台湾西部与南部沿海潮间带为主要产地。

菲律宾蛤仔在台湾的产量颇高，大多以采集野生贝为主，但现在因沿海海域的污染严重，其产量逐渐减少，因此市面上也很容易看到进口的菲律宾蛤仔。菲律宾蛤仔的烹饪方式以煮汤以及热炒为主，可加些九层塔一起炒，可以增加菲律宾蛤仔的美味。

菲律宾蛤仔的外形呈卵圆形，贝壳前端呈椭圆形，后端则较平直，壳坚厚且饱满，壳顶稍微突出且向前弯曲，小月面宽且呈椭圆形，钝面为梭形，韧带突出且长。壳面具有细密的放射肋与细密的生长线，放射肋与生长线交织成布纹状。贝壳表面颜色为灰黄色或深褐色，有些具有褐色的不规则花纹或斑点，贝壳内面为灰黄色。

波纹巴非蛤 *Paphia undulata*

■ **别称：** 油蛤、红蛤

■ **外文名称：** Carper-Shell（泰国），
Little-neck clam,Rock-cockie（美国）

波纹巴非蛤在贝类分类上属于真瓣鳃目（Eulamellibranchiata），帘蛤科（Veneridae），横帘蛤属（*Paphia*），本种在1778年由Born所命名发表。

台湾只有南部沿海海域有波纹巴非蛤的分布，波纹巴非蛤只栖息于具有沙泥底质的沿海海域，潮间带更是波纹巴非蛤最喜爱的栖息环境，大多潜藏在沙层中，夏季栖息在较浅的沙层中，冬季则大多栖息在沙层的深处。其食性为滤食性，利用出入水管滤食沙层上的食物，食物的种类很多，大多数的有机物都可成为波纹巴非蛤的食物。

波纹巴非蛤在台湾地区的产量并不高，养殖数量也较少，市面上所见的波纹巴非蛤大多来自大陆沿海，主要因大陆正计划性实施浅海养殖。波纹巴非蛤的烹饪以煮汤以及热炒为主，炒食时可加些九层塔，颇能增加波纹巴非蛤的美味。

波纹巴菲蛤的外壳呈椭圆形，外壳薄但十分坚硬。外壳面光滑，生长线十分紧密，小月面细长且狭窄，韧带外观为突出的长菱形。其贝壳外面颜色为浅褐色且有深褐色的网状细纹，壳的内面颜色为象牙白，中央部位颜色为紫红色。

将波纹巴菲蛤浸泡在清水中，不久即可看到它们纷纷伸出斧足

突畸心蛤 *Anomalocardia producta*

■ 别称：乌蚶

■ 外文名称：Projecting Venus

突畸心蛤在贝类分类上属于真瓣鳃目（Eulamellibranchiata），帘蛤科（Veneridae），本种在1951年由Kuroda与Habe所共同命名发表。

突畸心蛤在台湾的分布主要在新竹县以南的沿海海域，多栖息在潮间带，平时都潜藏在沙层中，食性为滤食性，利用出入水管滤食沙层上的海水，食物种类很多，大多数的有机物都可成为突畸心蛤的食物。

突畸心蛤在台湾市场上并不多见，也没有人工养殖，只能依赖采捕野生的突畸心蛤在市场上贩售。突畸心蛤的烹饪方式以清蒸和快炒为主。

突畸心蛤的外形呈三角形，后端突起且明显歪斜，前端圆，后端尖凸，生长线十分明显，外壳颜色为青灰色。

丽文蛤的外观呈扇形，壳厚且十分饱满，壳的前端呈梨形，后端较为钝圆，位于前端的小月面十分明显，外壳表面光滑；壳面颜色变化很大，并无特定的颜色，大多数的丽文蛤外壳底色为深褐色、灰褐色、浅黄色、白色等，具有放射状、辐射状或波浪状的不规则花纹，壳的内面为白色且壳面光滑。

丽文蛤 *Meretrix lusoria*

■ **别称：** 文蛤

■ **外文名称：** Japanese Hard Clam(联合国粮食及农业组织、美国加州),Common Oriental Clam,White Clam(美国加州),Cytheree du japon(法国),Mercenaria japonesa(西班牙)

丽文蛤在贝类的分类上属于帘蛤科(Veneridae)，文蛤属(*Meretrix*)，本种在1798年由Roeding所命名发表。

台湾四周的浅海海域皆有丽文蛤的分布，丽文蛤只栖息于具有沙泥底质的沿海海域，潮间带更是丽文蛤最喜爱的栖息环境。属于广温广盐性的贝类，在水温4～39℃之间都能够存活，但太高或太低的水温都无法长时间存活，也会影响其生长，其中以25℃左右的水温最适合丽文蛤的生长。丽文蛤属于广盐性贝类，因此10‰～45‰的盐度范围内都能正常生长。丽文蛤均潜藏在沙层中，其食性为滤食性，利用出入水管滤食沙层上的海水，食物种类很多，大多数的有机物都可成为丽文蛤的食物，丽文蛤繁殖期在10月至隔年2月。

丽文蛤是台湾十分普遍易见的食用贝类，早期的丽文蛤多依赖渔民在退潮时在潮间带少量采捕，后来演变成渔民购买野生的贝苗在潮间带养殖，而现在的丽文蛤是由专门的养殖场以鱼塭养殖的，养殖的贝苗也已经可以由人工大量生产供应养殖。丽文蛤十分容易购得，价格也十分亲民，台湾的家庭烹饪以煮汤及热炒丽文蛤为主，炒丽文蛤时可加些九层塔一起炒，颇能增加丽文蛤的美味。另外丽文蛤也可以用盐烤的方式来烹饪，只要将丽文蛤抹上盐，就可以烤出味道鲜美的丽文蛤。而煮汤时只要加些许丽文蛤，就可以使汤更加鲜美，有海洋的味道。

丽文蛤不只是好吃而已，对人体的健康也十分有益，还具有某些疗效，最早的记载是在南北朝时期的《神农本草经》中，清楚记载丽文蛤对人体的功效，而《本草纲目》中也有记载丽文蛤的功效。现代科技更已证明丽文蛤有去热、化痰等功效，对气喘、慢性气管炎、甲状腺肿大、中耳炎、胃痛等疾病均有改善的功能，甚至对肝癌也有明显的抑制作用。此外丽文蛤还具有开胃的功效，时常食用可滋补身体，保持身体的健康。

丽文蛤的外观呈扇形，
壳厚且十分饱满

缀锦蛤 *Tapes literatus*

缀锦蛤壳呈长椭圆形

■ 别称：沙包

■ 外文名称：Lettered Venus

缀锦蛤在贝类分类上属于真瓣鳃目（Eulamellibranchiata），帘蛤科（Veneridae），浅蜊属（*Tapes*），本种在1758年由Linnaeus所命名发表。

台湾西部沿海与澎湖沿海皆有缀锦蛤的分布，主要栖息于泥沙质的浅海或潮间带，利用斧足潜入泥沙底，并将水管伸出沙层滤食水中的有机物和浮游生物，台湾地区西部沙岸的潮间带为主要的产地。

缀锦蛤在台湾的产量颇高，大多以采集野生贝为主。烹饪方式以煮汤以及快炒为主，炒缀锦蛤时可加些九层塔一起炒，能增加缀锦蛤的美味。

缀锦蛤具有宽大的壳，壳呈长椭圆形，壳顶靠近前端，前端短钝且圆，后端较为宽大且壳缘并非完整的弧形，生长线十分明显。外壳颜色为黄褐色，具有放射状的闪电形花纹或呈连续的"V"形花纹，壳内面颜色为白色，且内面具有明显的出入水管痕迹。

淡橘色，无口盖，内唇有齿而外唇无齿且十分薄，几乎没有螺塔。

椰子涡螺的外壳为黄褐色，外形几近圆形，外壳光滑，形状类似木瓜，壳长可达20厘米以上。

椰子涡螺 *Melo melo*

■别称：牛尿螺、肉螺、木瓜螺　　■外文名称：India Volute

椰子涡螺在螺类分类上属于新腹足目（Neogastropoda），涡螺科（Volutidae），本种在1786年由Lightfoot所命名发表。

椰子涡螺在台湾主要分布于西部及东北部海域，栖息在水深约50～100米的浅海沙泥底，不过在更深的海底也能发现。其食性为肉食性，喜食海底的底栖动物或其他贝类。在台湾共有6属13种的涡螺科，其中较具食用价值的涡螺类只有椰子涡螺这一种。

椰子涡螺的肉质坚硬，易带有苦味，所以通常先经水煮熟后，再取螺肉并切除内脏，然后以热炒的方式来烹饪螺肉。因椰子涡螺的肉质及味道不是很美味，因此喜欢食用的人并不多，通常是渔民或潜水者无意间抓到的。但其又圆又大的螺壳却富有观赏价值，可以加工成为工艺品。

大杨桃螺 *Harpa major*

■ 别称：竖琴螺、杨桃螺

大杨桃螺在螺类分类上属于新腹足目（Neogastropoda），杨桃螺科（Harpidae），杨桃螺属（*Harpa*），本种在1798年由Roeding所命名发表。

大杨桃螺主要分布于台湾地区的北部与东北部海域，主要栖息于具有沙泥底质的沿岸海域，食性为肉食性。

一般市场上较少看到大杨桃螺，大杨桃螺虽可食用，但消费者的接受度不高，在市场上也不多见，反而是它鲜艳的螺壳较受欢迎，常被当成装饰品。

大杨桃螺的壳口大，壳口呈半圆形，外唇平滑，无口盖，螺壳具有红褐色的花纹，螺壳内面为白色，螺壳表面十分光滑且具有光泽。

大杨桃螺属于中型螺类，螺壳呈卵圆形，螺塔小且顶端尖，具有明显且粗的纵肋，肩角具有短棘。

棘蛙螺 *Bufonaria perelegans*

■ 别称：角螺

棘蛙螺在螺类分类上属于异足目（Heteropoda），蛙螺科（Bursidae），赤蛙螺属（*Bufonaria*），本种在1987年由Beu所命名发表。

台湾地区只有南部沿海海域有棘蛙螺的分布，喜欢栖息于岩礁、沙质海底或珊瑚礁间，食性为肉食性。棘蛙螺在市场上不多见，常由底拖网捕获，因为肉少，所以市场接受度不高，也因此鲜少人食用。

棘蛙螺的壳口呈纺锤形，外唇具有齿列，具有角质的卵形口盖，颜色为黄褐色。

棘蛙螺的外壳几乎呈纺锤形，壳十分坚硬，壳面具有很多的刻痕，螺肩具有坚硬且尖锐的短棘，每个螺层都有纵肋且有发达的突瘤，具有前、后水管沟。

方斑东风螺 *Babylonia areolata*

■别称：东风螺、旺螺　■外文名称：Areola Babylon

方斑东风螺在螺类分类上属于新腹足目（Neogastropoda），峨螺科（Buccinidae），本种在1807年由Link所命名发表。另一种称为台湾凤螺（*Babylonia formosa*）的种类与方斑东风螺十分相似，台湾凤螺的体形较小，因此有"小凤螺"之称。

方斑东风螺主要分布于台湾地区西南部海域，主要栖息于具有沙泥底质的浅海海域，食性为肉食性，但也会吃腐肉，产卵期约在夏天。

方斑东风螺是台湾十分常见的食用螺类，在小吃摊或餐厅都有以方斑东风螺为食材的料理。方斑东风螺的捕抓方式较为特别，渔民在特殊的笼具内放置腥味重的鱼肉，然后放到海底以吸引方斑东风螺进入笼具内。台湾烹饪凤螺的方式以热炒为主，在台湾各地的路边摊或夜市摊常可吃到炒凤螺，另外也可用水煮过后，将螺肉蘸酱食用，也可以用烘烤的方式烹饪，烘烤的凤螺口感很不错，别具风味。其他以凤螺为食材的料理有盐烧凤螺、茄汁凤螺、辣酒煮凤螺、蒜味凤螺等。

方斑东风螺的外形呈纺锤形，壳顶的那一端尖，口端钝圆，壳十分坚固，螺层十分明显且螺塔高，每一层螺塔之间的缝合沟十分明显。壳的底色为黄褐色，覆盖着咖啡色的块状斑纹，斑纹排列颇为整齐，块状的斑纹大多以四方形为主，或略带弧度的长方形。螺壳表面十分光滑，螺壳口呈椭圆形，内面颜色为白色，具有口盖。（＊配图有误，为锡兰东风螺）

长香螺的螺壳表面与内面皆为肉色，表面由土黄色的壳皮覆盖，壳口大，且与水管沟相连通，壳口呈椭圆形，水管沟宽长，具有一个厚的口盖，口盖呈椭圆形。

长香螺属于中大型螺类，体形长，螺壳呈双锥形，约有8个螺层，螺塔呈锥形，具有纵肋。螺层表面皆有螺旋状的螺肋，螺层由缝合线区分开来，螺层外围呈弧形，螺壳表面平坦，不具有隆起的瘤或凸出的棘。

长香螺 *Hemifusus colosseus*

■ **别称：香螺**　■ **外文名称：Colossal False Fusus**

　　长香螺在螺类分类上属于新腹足目（Neogastropoda），香螺科（Melongenidae），本种在1816年由Lamarck所命名发表。

　　长香螺主要分布于台湾地区的西部以及南部沿海，而台湾地区的东北角海域也可发现，喜欢栖息于具有沙泥底质的浅海，食性兼具肉食性与腐食性两种，以底栖贝类为食，也会吃死掉的鱼类。

　　长香螺为台湾地区较受欢迎的中大型螺类，因体形大，因此螺肉较多。台湾地区捕获长香螺的方式以底拖网为主。要烹饪长香螺十分方便简单，只要将螺用水煮熟后，将螺肉取出切片，蘸酱即可食用美味的长香螺螺肉了。

褐带鹑螺也是很常见的种类。

栗色鹑螺的螺壳呈圆形，螺层膨大呈球形，壳薄，螺塔小，螺壳表面具有螺肋，纹带细密，水管沟短且明显。螺口大，螺口几乎呈半圆形，不具有口盖，螺壳表面颜色为栗色或绿色。

栗色鹑螺 *Tonna galea*

■外文名称：Oil-lamp Tun

　　栗色鹑螺在螺类分类上属于异足目（Heteropoda），鹑螺科（Tonnidae），鹑螺属（*Tonna*），本种在1758年由Linnaeus所命名发表。除了栗色鹑螺外，褐带鹑螺也是很常见的种类。

　　台湾地区四周海域皆有栗色鹑螺的分布，属于中大型的螺类，喜欢栖息于具有沙泥底质的海域，食性为肉食性，以海胆和蟹类为食。

　　鹑螺属的螺类因外形很像鹌鹑，因此被称为鹑螺，鹑螺属的外形皆十分相似，主要差异在于颜色，都是可食用的螺类，其中较具食用价值的鹑螺为栗色鹑螺。栗色鹑螺因体形较大且产量多，因此成为常见的鹑螺，另外褐带鹑螺也很常见，不过螺类并非台湾地区渔船的主要渔获物。鹑螺大多是底拖网作业的渔船较易捕获，野生的产量高，但因市场接受度不高，因此在市场上贩卖的数量很有限。其烹饪方式与一般大型螺类一样，煮熟后将肉取出蘸酱食用。

太平洋牡蛎 *Crassostrea gigas*

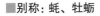

■别称：蚝、牡蛎

■外文名称：Giant Pacific Oyster,

　Japanese Oyster(美国加州),Ostra pacifica(西班牙),Huitre pacifique(法国)

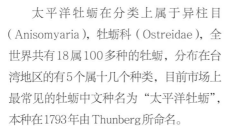

　　太平洋牡蛎在分类上属于异柱目（Anisomyaria），牡蛎科（Ostreidae），全世界共有18属100多种的牡蛎，分布在台湾地区的有5个属十几个种类，目前市场上最常见的牡蛎中文种名为"太平洋牡蛎"，本种在1793年由Thunberg所命名。

　　太平洋牡蛎主要分布在台湾地区的中南部沿海，主要栖息于沿海的潮间带，以左壳固定于坚固的物体上，食性为滤食性。

　　台湾市面上的牡蛎都是人工饲养的，其养殖大多集中在台湾中南部沿海的潮间带，养殖方式经过改良后，现也可在内湾或离岸较远的海域饲养，而不再只局限于潮间带。牡蛎的养殖不像一般鱼类的养殖需要购买鱼苗或贝苗，渔民只要将旧的牡蛎壳串在一起，然后在繁殖期间放在特定的区域，让天然的牡蛎苗附着，放置的地点与时间会影响附着的牡蛎苗之多寡。除非天然苗附生不易，或因地理位置特殊，才会使用人工的方式来生产牡蛎苗。台湾渔民采集野生苗分成两个时期，7至8月采集秋苗，以及10月至隔年的4月采集春苗，而养殖牡蛎的方式有插竿式、悬挂式、平挂式、延绳式等。

　　提起牡蛎做成的美食，最先想到的是蚵仔煎以及蚵仔面线，这两样可说是台湾非常地道的民间小吃。也有人喜欢生吃刚取出的牡蛎，在其他地方称为生蚝，很多人视之为珍品，也是一道著名的法国美食。台湾地区的家庭一般制作牡蛎的方式，除了蚵仔煎以及蚵仔面线外，最普遍的就是煮汤了，将牡蛎加姜丝一起煮汤，是一道富营养且兼具美味的蚵仔汤。另外将牡蛎裹粉油炸的蚵仔酥，也是十分受欢迎的美食。另外很多老饕喜欢购买未剥壳的生牡蛎，敲开外壳后以烤的方式烹饪，有人认为半生不熟的牡蛎最美味，但也有很多人只敢吃烤熟的牡蛎。

太平洋牡蛎的贝壳外形为不规则形，左壳大于右壳。其贝壳边缘缺乏绞齿，因前闭壳肌退化，而由后闭壳肌负责壳的开闭，左壳负责固着。

刺参的体形为两侧对称的长桶形，前端为口，口周围有触手用来摄食，后端为肛门，身体上有很多疣突，疣突大多位于背面，是退化的管足，其功能为呼吸以及感觉，而腹面为用于运动及固着的管足。

刺参
Stichopus sp.

■别称：海参
■外文名称：Japanese Common Sea Cu Cumber,Trepang

刺参的身体十分柔软，大部分组织是由胶原纤维所构成的，并非一般的肌肉，而这就是我们所食用的部分。

刺参属于棘皮动物中的海参纲，台湾地区约有5科13属29种的海参，以"刺参"（*Stichopus japonicus*）为主要的食用海参。

刺参主要栖息于浅海的沙泥底或礁岩地带，生活形态很多样，有的利用口部的触手捕食海水中的悬浮物，或在珊瑚礁的礁岩上捡食有机碎屑，而大部分常见的刺参则直接吞食海底的沙泥，以摄食其中可食的部分，再将不可食的沙泥由肛门排出。刺参为雌雄异体，产卵期大多在春天至夏天期间发生。

在台湾所食用的刺参都是野生的个体，全靠进口，目前无人工养殖。刺参并没有太多的营养成分，也不容易消化，因此只是享受咀嚼的口感。选购刺参时以短胖的个体为佳，疣足明显、身体坚硬、有弹性的是比较新鲜的刺参，如果体表黏液很多，体表很滑或柔软没有弹性，都是不太新鲜的刺参。

刺参可以与其他菜一起炒或当作煮汤的配料，另外其肠子也可食用，腌渍刺参肠子是很不错的小菜，日本人则特别喜欢吃醋拌生刺参。

211

剑尖枪乌贼 *Loligo edulis*

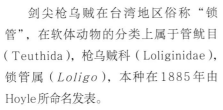

■别称：锁管

■外文名称：Swordtip Squid,Southern Squid,
　　Sea-arrow,Inkfish(美国加州), Muik-klouy(泰国)

剑尖枪乌贼在台湾地区俗称"锁管"，在软体动物的分类上属于管鱿目（Teuthida），枪乌贼科（Loliginidae），锁管属（*Loligo*），本种在1885年由Hoyle所命名发表。

剑尖枪乌贼主要分布于台湾海峡及台湾地区的东北角海域，春季到秋季为产卵期，将卵产于沙质的海床上，产卵的深度在水深20～100米深之间都有。剑尖枪乌贼的寿命大约只有一年，食性为肉食性，以捕食鱼类和虾类为食。每年的6月至8月为盛产期，刚捕获的剑尖枪乌贼容易因自身消化而发臭，因此一捕获就要立刻以滚水烫过，以避免发臭，捕捞方式以火诱网为主。

剑尖枪乌贼非常容易与鱿鱼混淆，两者外观极为相似，以下简单比较两者之间的差异：

◎眼睛构造的差异：剑尖枪乌贼的眼睛外被透明的膜覆盖，仅具有细小的孔与外界相通，而鱿鱼则与剑尖枪乌贼相反，不过这是在活体状态下的差异，而死后的剑尖枪乌贼眼球是模糊不清的，鱿鱼则是张开且依然十分清澈。

◎漏斗管的差异：剑尖枪乌贼的漏斗管外观呈"｜"形，鱿鱼的漏斗管呈"⊥"形。

◎鳍外形的差异：鱿鳍位于头部尖端的两侧，剑尖枪乌贼的鳍呈纵菱形，而鱿鳍则呈横菱形。其他的差异在壳、颚及生殖巢的形状，不容易由外观看出，必须将两者进行解剖才易分辨。

剑尖枪乌贼在市场上十分常见，甚至在超级市场也可购买到冷藏的剑尖枪乌贼，其营养丰富，蛋白质含量约16%～20%，且肉中含有丰富的牛磺酸。

剑尖枪乌贼的幼体在市场上称为"小卷"，而成体则称为"中卷"或"透抽"，其实都是一样的种类，只是依据年龄不同而有不同的名称罢了。如果没事先清理剑尖枪乌贼的内脏而直接炒或蒸，然后整尾食用时，常会把嘴巴弄得脏兮兮的，这是因为其体内的墨汁还在。而一般体形较小的剑尖枪乌贼（或称为小卷），大多腌制成咸小卷，闽南话为"酉圭"，腌制的咸小卷最适合拿来当下酒菜，这也是20世纪50年代台湾北部沿岸渔村常见的佐饭菜肴。剑尖枪乌贼还可以用快炒或蒸的方式烹饪，而较大的透抽（或称中卷）则可用炭烤、三杯或水煮方式烹饪。

剑尖枪乌贼的胴部为长圆锥形，成体体长约可达40厘米。鳍为长菱形，且长度约占体长的一半，触手相当短，有两条几乎比身体还长的触手。其体色为红褐色，兴奋时体色会快速改变，死后颜色较黑、较暗淡。

两条几乎比身体还长的触手

咸小卷的营养价值

根据台湾卫生机构的营养成分分析，每100克重的咸小卷所含的成分如下：热量100kcal，水分64.5克，粗蛋白20.1克，粗脂肪1.3克，碳水化合物1.9克，灰分12.2克，胆固醇460毫克，维生素B_1 0.03毫克，维生素B_2 0.05毫克，维生素B_6 0.02毫克，维生素B_{12} 4.57毫克，烟碱素1.90毫克，钠4250毫克，钾180毫克，钙120毫克，镁173毫克，磷505毫克，铁0.7毫克，锌2.0毫克。

剑尖枪乌贼的营养价值

根据台湾卫生机构的营养成分分析，每100克重的剑尖枪乌贼所含的成分如下：热量73.92kcal，水分81克，粗蛋白16.0克，粗脂肪0.4克，碳水化合物1.6克，灰分1.2克，胆固醇315.9毫克，维生素B_1 0.05毫克，维生素B_2 0.06毫克，维生素B_6 0.04毫克，维生素B_{12} 4.22毫克，烟碱素3.80毫克，钠249毫克，钾155毫克，钙11毫克，镁48毫克，磷166毫克，铁1毫克，锌1.7毫克。

蛸 *Octopus* sp.

■ **别称**：望潮、章鱼

■ **外文名称**：Octopus,Poulp,Sucker(美国加州、中国香港),Pieuvre(法国),
Pulpo(西班牙、智利),Polp(西班牙),Poulpe,Polpo,Karnita

台湾地区所看到的蛸，在分类上都属于章鱼目（Octopoda），章鱼科（Octopodidae），章鱼属（*Octopus*），其中最为常见的是真蛸（*Octopus vulgaris*），本种在1797年由Cuvier所命名发表。

台湾四周海域皆有蛸的分布，但因其主要栖息于岩礁海域，而台湾西部的沙质环境并不适合蛸栖息，因此西部海域较少发现蛸，而北部以及南部较常见。蛸属于夜行性动物，白天躲藏于岩洞中，或海底任何的人造废弃物内，只要是可以躲藏的都可以栖息，晚上才会离开躲藏的洞穴外出觅食。食性为肉食性，以小鱼、甲壳类和贝类为食。蛸智商高，国外不少专家研究蛸的习性，发现每只蛸有固定的洞穴，不管离开到多远地方去觅食，都一样会回到固定的洞穴。

蛸是很常见的食用头足类，在鱼市场十分普遍。蛸不仅美味营养，烹调后的肉质弹性更是让人难忘。其肉质的美味是因肌肉中含有丰富的甜菜碱，而肌肉的弹性佳，使蛸的肉质美味又具有咬劲。蛸的制作方式很多，最简单的烹饪方式就是以水烫过冷却后，再切片蘸酱或加美乃滋（一种甜酱）食用。新鲜的蛸也可做成生鱼片，逛渔港的鱼市场常可见一个个的网袋，网袋里面装的就是活蛸，网袋可以避免蛸逃脱，而体形较大的蛸，在餐厅常会制作成"一蛸三吃"。不过蛸的鲜度不容易辨别，因此最好还是选择购买活蛸，或是选择肌肉弹性佳的蛸肉。

蛸的8只腕足上都有明显的吸盘。

蛸的营养价值

根据台湾卫生机构的营养成分分析，每100克重的蛸所含的成分如下：热量61kcal，水分84.6克，粗蛋白13.0克，粗脂肪0.6克，碳水化合物0.9克，灰分0.9克，胆固醇183毫克，维生素B$_2$ 0.17毫克，维生素B$_6$ 0.03毫克，维生素B$_{12}$ 5.52毫克，烟碱素1.20毫克，维生素C 0.5毫克，钠230毫克，钾55毫克，钙14毫克，镁44毫克，磷111毫克，铁6.1毫克，锌0.5毫克。

真蛸的头部占身体极大的比例，
显见其智商颇高

真蛸的身体分成头部、
胴部与腕部三个部分。
章鱼的头部巨大，腕
部有8只腕，这是章
鱼和乌贼、锁管区分
的特征，乌贼、锁管
有10只腕。

金乌贼 *Sepia esculenta*

■ 别称：墨鱼、目鱼

■ 外文名称：Cuttle Fish(美国加州、中国香港)，
Sepia (西班牙),Muik-kradong(泰国)

金乌贼在分类上属于乌贼目（Sepioidea），乌贼科（Sepiidae），乌贼属（*Sepia*），本种在 1885 年由 Holyle 所命名发表。

金乌贼为肉食性的软体动物，生活于外海或海湾与外海的交界处，并栖息于有丰富隐蔽物的环境，例如海草或岩石等。活的金乌贼体色透明，并有紫褐色的斑点，体色会随着环境而改变，这是金乌贼躲避敌害的保护色，每当遇到危险时会喷出黑色的墨汁以扰乱敌人的视线，再趁机逃逸以躲避敌害。

台湾金乌贼大多分布于西部和北部沿海，渔场以新竹南寮为中心，台湾捕获的金乌贼种类很多，金乌贼有很强的向旋光性，因此渔民利用晚上出海，以很亮的集鱼灯诱引金乌贼靠近渔船再加以捕捞。台湾地区的金乌贼来源以天然捕获为主，养殖金乌贼的数量十分稀少，只有在日本才有养殖金乌贼的供应。

刚捕获的活金乌贼是生鱼片的最佳材料，鲜美具弹性的肉质深受欢迎，另外在台湾烹饪金乌贼大多以烫熟后蘸作料食用，快炒以及油炸的方式也是很常见的。

金乌贼的鳍厚度薄，围绕于身体边缘。其体形厚实，偏椭圆形，触手短，腕部共有10只。(＊图片为莱氏拟乌贼)

Percoidei
【鲈形目常见食用鱼的科别】 鲹科 Carangidae

布氏鲳鲹 P.20

双线若鲹 P.26

康氏似鲹 P.32

蓝圆鲹 P.36

日本竹荚鱼 P.33

及达虾鲹 P.34

纺锤鰤 P.37

高体鰤 P.35

乌鲳 P.162

六带鲹 P.142

Percoidei 鲭科 Scombridae
【鲈形目常见食用鱼的科别】

正鲣 P.42

斑点马鲛 P.40

康氏马鲛 P.41

澳洲鲐 P.39

日本鲐 P.38

Percoidei 石首鱼科 Sciaenidae
【鲈形目常见食用鱼的科别】

皮氏叫姑鱼 P.45

黑姑鱼 P.43

斑鳍彭纳鳓 P.46

小黄鱼 P.94

鮸 P.166

眼斑拟石首鱼 P.44

鮨科 Serranidae

Percoidei

【鲈形目常见食用鱼的科别】

线鳃棘鲈 P.67

青星九棘鲈 P.66

石斑的一种 P.69

白缘侧牙鲈 P.65

石斑的一种 P.144

指印石斑鱼 P.68

石斑的一种 P.144

Percoidei 【鲈形目常见食用鱼的科别】

鲷科 Sparidae

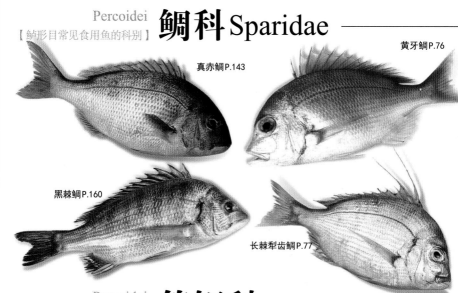

真赤鲷P.143

黄牙鲷P.76

黑棘鲷P.160

长棘犁齿鲷P.77

Percoidei 【鲈形目常见食用鱼的科别】

笛鲷科 Lutjanidae

赤鳍笛鲷P.79

马拉巴笛鲷P.78

双线翼梅鲷P.82

Percoidei 【鲈形目常见食用鱼的科别】

金线鱼科 Nemipteridae

宽带副眶棘鲈P.83

深水金线鱼 P.80

伏氏眶棘鲈P.93

金线鱼 P.81

菜市场鱼图鉴的学名一览表

【食用鱼学名索引】

221

【食用虾蟹贝学名索引】

索引

图书在版编目（CIP）数据

菜市场鱼图鉴/吴佳瑞，赖春福著；潘智敏摄. —北京：商务印书馆，2019（2024.8重印）
（自然观察丛书）
ISBN 978-7-100-17714-6

Ⅰ.①菜…　Ⅱ.①吴…　②赖…　③潘…　Ⅲ.①鱼类—普及读物　Ⅳ.①Q959.4-49

中国版本图书馆CIP数据核字（2019）第151937号

菜市场鱼图鉴

吴佳瑞　赖春福 著

潘智敏 摄

周卓诚 审校

商 务 印 书 馆 出 版
（北京王府井大街36号　邮政编码100710）
商 务 印 书 馆 发 行
北京新华印刷有限公司印刷
ISBN 978-7-100-17714-6

2019年10月第1版　　　开本880×1230　1/32
2024年8月北京第10次印刷　印张 7⅛
定价：55.00元